지금,도
지도 서비스

여행 가이드북 〈지금, 시리즈〉의 부가 서비스로, 해당 지역의 스폿 정보 및 코스 등을
실시간으로 확인하고 함께 정보를 공유하는 커뮤니티 무료 지도 사이트입니다.

now.nexusbook.com

지도 서비스 '지금도'에 어떻게 들어갈 수 있나요?

접속 방법 1	접속 방법 2	접속 방법 3
녹색창에 '지금도'를 검색한다.	핸드폰으로 QR코드를 찍는다.	인터넷 주소창에 now.nexusbook.com 을 친다.

지금도 ▼ 🔍

'지금도' 활용법

✈ 여행지 선택하기

메인 화면에서 여행 가고자 하는 도시의 도서를 선택한다. 메인 화면 배너에서 〈지금 시리즈〉 최신 도서 정보와 이벤트, 추천 여행지 정보를 확인할 수 있다.

🔍 스폿 검색하기

원하는 스폿을 검색하거나, 지도 위의 아이콘이나 스폿 목록에서 스폿을 클릭한다. 〈지금 시리즈〉 스폿 정보를 온라인으로 한눈에 확인할 수 있다.

📍 나만의 여행 코스 만들기

❶ 코스 선택에서 코스 만들기에 들어간다.
❷ 간단한 회원 가입을 한다.
❸ +코스 만들기에 들어가 나만의 코스 이름을 정한 후 저장한다.
❹ 원하는 장소를 나만의 코스에 코스 추가를 한다.
❺ 나만의 코스가 완성되면 카카오톡과 페이스북으로 여행메이트와 여행 일정을 공유한다.

💬 커뮤니티 이용하기

여행을 준비하는 사람들이 모여 여행지 최신 정보를 공유하는 커뮤니티이다. 또, 인터넷에서는 나오는 않는 궁금한 여행 정보는 베테랑 여행 작가에게 직접 물어볼 수 있는 신뢰도 100% 1:1 답변 서비스를 제공 받을 수 있다.

〈지금 시리즈〉독자에게
'여행 길잡이'에서 제공하는 해외 여행 필수품

 여행길잡이
TRAVEL GUIDE

해외 여행자 보험 할인 서비스

1,000원 할인

사용 기간 회원 가입일 기준 1년(최대 2인 적용)
사용 방법 여행길잡이 홈페이지에서 여행자 보험 예약 후 비고 사항에
〈지금 시리즈〉가이드북 뒤표지에 있는 ISBN 번호를 기재해 주시기 바랍니다.

〈지금 시리즈〉독자에게
시간제 수행 기사 서비스 '모시러'에서 제공하는

MOSILER

공항 픽업, 샌딩 서비스

2시간 이용권

유효 기간 2020.12.31 서비스 문의 예약 센터 1522-4556(운영 시간 10:00~19:00, 주말 및 공휴일 휴무)
이용 가능 지역 서울, 경기 출발 지역에 한해 가능

지금, 다낭

호이안 · 후에

지금, 다낭 호이안·후에

지은이 이보람·배은희
펴낸이 임상진
펴낸곳 (주)넥서스

초판 1쇄 발행 2017년 8월 20일
2판 6쇄 발행 2019년 2월 25일

3판 1쇄 인쇄 2020년 1월 15일
3판 1쇄 발행 2020년 1월 20일

출판신고 1992년 4월 3일 제311-2002-2호
10880 경기도 파주시 지목로 5(신촌동)
Tel (02)330-5500 Fax (02)330-5555

ISBN 979-11-6165-865-0 13980

가격은 뒤표지에 있습니다.
잘못 만들어진 책은 구입처에서 바꾸어 드립니다.

www.nexusbook.com

호이안
후에

12

Now
Da Nang

이보람 · 배은희 지음

플래닝
북스

prologue 1

우리나라에서 4시간 30분이면 만날 수 있는 베트남 No.1 휴양 도시 다낭. 몇 년 전 다낭을 처음 만났던 순간을 잊을 수 없습니다. 아직 때 묻지 않은 사람들, 저렴한 물가, 맛있는 음식, 휴양에 적합한 리조트, 유네스코 세계 문화 유산까지. 그 무엇 하나 놓치고 싶지 않은 매력적인 지역이기에 많은 분들에게 알려 드리고 싶은 마음으로 설레던 때가 생각납니다. 그 후 다낭을 취재하러 갈 때마다 눈 깜짝할 사이에 변화하고 발전하는 모습을 보면서 '너무 쉽게, 그리고 너무 많은 사람들이 이곳을 찾지는 않았으면 좋겠다'는 생각을 잠시 하기도 했습니다. 하지만 다낭을 찾는 분들이 이왕이면 그 분들의 소중한 시간을 조금이라도 더 아끼고, 합리적으로 여행하면서 제가 좋아하는 이 지역을 행복하고 즐거운 추억이 가득한 곳으로 기억하셨으면 좋겠다는 마음 하나만으로 책을 작업했습니다.

부족하고 서툰 저를 위해 밤을 지새워 가며 함께 해주신 정효진 과장님과 넥서스 직원분들에게 진심으로 두 손 모아 감사 인사드립니다. 또한 제작에 많은 도움을 준 정태관 작가님, 퓨전 마이아 리조트 박재은 매니저님, 현지에 계신 강신옥 소장님에게도 감사의 말을 올립니다. 존재 자체만으로도 큰 힘이 되어주는 우리 가족과 묵묵히 옆에서 응원과 힘을 불어 넣어 주는 이상민 씨에게도 사랑과 고마움을 전합니다. 마지막으로 이 책을 구입해 주시는 모든 독자 여러분의 의견을 받아 지속적인 업그레이드를 하며 더 좋은 모습을 보여 드릴 수 있도록 노력하겠습니다.

사랑과 여유가 넘치는 다낭에서 잊지 못할 여행을 즐기시길 바랍니다.

이보람

prologue 2

목욕탕에 있을 법한 모양의 의자에 앉아 따끈한 진한 국물의 쌀국수 한 그릇, 저렴한 물
가에 순수함이 느껴지는 사람들의 미소를 지닌 베트남이란 나라는 참으로 매력적입니
다. 그중에서도 다낭은 처음 떠나는 배낭여행, 우정 여행, 태교 여행, 가족 여행으로도
손색없는, 모든 것이 충족되는 도시입니다. 여행사 실무의 경험과 수십 번 다녀온 출장
의 노하우를 살려 다낭 여행에서 중요한 숙소 정보와 다른 가이드북이나 SNS에 소개
되지 않은 정보를 담고자 집필을 시작했습니다. 다낭에서 30분이면 만나는 호이안의
거리를 거닐다 보면 옛 가옥들의 멋스러움이 느껴집니다. 여유로운 커피숍에서 나를
되돌아보는 시간과 안방 비치를 안주 삼아 마시는 시원한 맥주 한잔도 추천합니다.

여행작가로 도전할 수 있게 많은 도움을 주신 정효진 팀장님과 출판사 관계자분들께
우선 진심으로 감사 인사드립니다. 1년 사이에 많은 변화가 생기는 다낭 지역의 수정
작업을 위해 바쁘신 와중에도 인터뷰에 응해 주신 다낭 관광청 노태호 대표님과 현지
자료 수집에 도움을 주신 강신옥 소장님, 몽키트래블 소장님과 제작에 궁금한 부분을
잘 알려 주신 정태관 작가님께 진심으로 감사 드립니다. 일요일마다 개정 작업으로 집
안일에 소홀한 아내를 이해해 준 소중한 남편과 우리 가족, 시댁 식구들과 얼마 전 새
식구가 된 반려견 토르도 감사합니다. 베트남은 2017년 홈쇼핑 매출액 1위 지역에 빛
나는 한국인이 사랑하는 지역이고, 그중에서도 단연 다낭은 매년 눈부시게 변화하는
지역으로 이번에는 현재의 관광지 입장료 반영, 새로 생긴 숙소 등의 내용을 업데이트
하는 데 최선을 다했습니다

활력이 넘치는 오늘이 되길, 당신의 시간이 가장 빛나는 여행이 되시길 바랍니다.

배은희

지금, 다낭·호이안·후에
책 활용법

Hightlight

다낭·호이안·후에에서 보고, 먹고, 놀아야 할 하이라이트만을 모아 담았다. 다낭·호이안·후에에 대해서 잘 몰랐던 사람이든, 잘 알고 있는 사람이든 이곳의 새로운 모습을 발견하게 될 것이다.

Best Course

지금 당장 다낭·호이안·후에에 여행을 떠나도 만족스러운 여행이 가능하다. 언제, 누구와 떠나든 모두를 만족시킬 수 있는 여행 플랜을 제시했다. 자신의 여행 스타일에 맞는 코스를 골라서 따라 하기만 해도 만족도, 즐거움도 두 배가 될 것이다.

Area

지금 여행 트렌드에 맞춰 베트남의 핫 플레이스로 주목받고 있는 다낭과 호이안 그리고 후에의 지역별 핵심 코스와 관광지를 소개했다. 코스별로 여행을 하다가 한 곳에 좀 더 머물고 싶거나 혹은 그냥 지나치고 또 다른 곳을 찾고 싶다면 지역별 소개를 천천히 살펴보자.

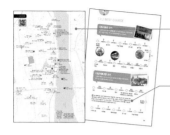

지도 보기 각 지역의 주요 관광지와 맛집, 상점 등을 표시해 두었다. 또한 종이 지도의 한계를 넘어서, 디지털의 편리함을 이용하고자 하는 사람은 해당 지도 옆 QR 코드를 활용해 보자.

팁 활용하기 직접 다녀온 사람만이 충고해 줄 수 있고, 여러 번 다녀온 사람만이 말해 줄 수 있는 알짜배기 노하우를 담았다.

Best Hotel

다낭·호이안·후에는 휴양지로 각광받는 곳인 만큼 최고의 서비스를 자랑하는 숙소들로 유명하다. 숙소를 잡을 때 필요한 팁과 각 지역의 특색에 맞는 풀 빌라 리조트부터 방갈로까지 소개하여 후회 없는 숙소 선택을 도와준다.

Travel Tip

베트남의 기본 정보뿐 아니라 다낭·호이안·후에 여행 준비부터 가는 항공편과 돌아오는 항공편, 다낭과 호이안까지 이동하는 방법 등 다낭 여행의 처음부터 끝까지 필요한 노하우를 담았다. 또한 여행 내내 적재적소에 사용할 수 있는 여행 회화까지 함께 담았다.

지도 및 본문에서 사용된 아이콘

 관광 명소   쇼핑   식당   카페   클럽 & 바

 호텔   비치   박물관   스파   마켓

contents

Da Nang

Hoi An · Hue

Highlight

사진으로 만나 보는
다낭 & 호이안 베스트 10

저렴한 물가와 조용한 해변, 때 묻지 않은 순수한 사람들까지.
베트남에서 떠오르는 중부 지역 다낭과 호이안을 사진으로 미리 만나 보자.

1 호이안 거리 베트남 전통 모자 농라Non lá를 쓰고
자전거를 타는 현지인의 모습이 여유롭다.

2 안방 비치 호이안에서 약 15km 떨어져 있는 안방 비치는 서양인들의 천국이자, 주말과 방학에는 현지 사람들의 소중한 휴가지가 되어 준다.

3 호이안의 밤 알록달록한 등불과 다양한 수공예품을 만날 수 있는 야시장이 반갑다.

4 호이안의 카페 아기자기한 카페가 즐비한 호이안에서 베트남 스타일의 커피 한잔으로 즐기는 여유로운 시간을 가져 보자.

리칭 아웃 티하우스

5 내원교 호이안을 상징하는 다리인 내원교는 여행자들을 비롯해
베트남 사람들에게는 특별한 추억을 만들어 주는 좋은 장소가 되어 준다.

6 다낭야경 다낭 시내가 한눈에 내려다보이는
루프톱 바에서 즐기는 밤은 여행의 재미를 더해

바나힐 산속에 있는 베트남 속 유럽 마을. **7**
아이들은 물론 어른들까지 동심의 세계로 빠지게 한다.

8 다낭 한강 빛을 밝히는 다낭 한강Han river의 야경은 화려하지 않아도 여행의 낭만을 선사해 주기 충분하다.

9 미케 비치 미국 포브스Forbers에서
세계 6대 해변으로 선정한 다낭 시내와
가까운 미케 비치를 누려 보자.

오행산 석회암으로 이루어진 다섯 개의 산으로, 다낭과 호이안 중간에 위치해 있다. **10**

한눈에 보는
베트남 음식

베트남은 대표적인 농업 국가로,
쌀을 경작하기 위한 최적의 자연을 갖추고 있어
연간 최대 3모작까지도 가능하다.
이처럼 풍부한 쌀 생산으로 가공해서 만든
대표적인 음식이 쌀국수(베트남어로 퍼phở)다.
퍼는 넓은 면발을 사용하고, 분(Bún)은
가는 면발을 사용한다.

쌀국수 다양성

재료나 고기의 종류에 따라 이름이 다르며, 하노이Ha Nôi식과 호찌민Hồ Chi Minh식으로 나뉜다. 하노이식 쌀국수는 육수의 국물이 맑고, 최소한의 식재료를 사용해 담백하게 끓인 반면, 베트남 남부쪽으로 갈수록 육수가 진하고, 첨가하는 소스나 허브의 종류가 늘어나기 때문에 대체적으로 단맛이 강해진다.

쌀국수 종류

* ★ **퍼보**Phở bò 소고기bò 고명이 올라간 대중적인 소고기 쌀국수
* ★ **퍼가**Phở gà 닭고기gà 고명이 담백한 육수 맛의 닭고기 쌀국수
* ★ **퍼보비엔**Phở bò viên 고기 완자(미트볼)를 넣어 만든 쌀국수
* ★ **미꽝**Mì Quảng 중부 지역을 대표하는 음식으로 두툼한 면발에 각종 야채, 튀긴 라이스페이퍼를 함께 넣어 먹는 비빔쌀국수
* ★ **분짜**Bún Chả 북부 지역을 대표하는 음식으로 석쇠에 구운 돼지고기를 야채와 면발을 새콤달콤한 소스에 찍어 먹는, 숯불 향이 식욕을 돋구는 쌀국수
* ★ **분짜까**Bún Chả Cá 분짜에 생선이 들어간 어묵국수를 말하는데, 깔끔하고 시원한 육수가 일품인 어묵쌀국수(까랑cárang이라는 민물고기는 뼈가 적은 고기로 껍질을 벗기고 생선 살만 발라낸 다음, 이를 다져서 양념과 함께 찐 후 납작한 어묵 형태로 기름에 튀겨낸 것을 말한다.)
* ★ **퍼보코**Phở bò Kho 소고기와 토마토 스튜가 육수며 아침에 주로 먹는 요리다. 프랑스 음식의 영향을 받아 만든 쌀국수
* ★ **반다꾸어**Bánh Da Cua 하이퐁 지역을 대표하는 음식으로, 갈색의 넓은 면발에 게로 우려낸 육수가 시원한 쌀국수
* ★ **분리에우**Bún Riêu 북부 지역에서 흔히 볼 수 있으며 토마토를 넣은 육수와 선지 덩어리가 들어가는데 호불호가 있는 쌀국수
* ★ **분팃느엉**Bún Thit Nướng 남부 지역에서 흔히 볼 수 있고, 북부의 분짜와 비슷한 비빔국수

17

반미 Bánh Mi

바게트와 같이 겉면은 딱딱하지만 가운데를 잘라서 고기, 야채 등으로 채운 것이다. 아침 식사나 간식용으로 저렴하게 먹을 수 있는 대표적인 베트남 전통 샌드위치.

넴느엉 Nem Nướng

돼지고기를 갈아서 둥글게 만들어 양념해서 국수 면이나 라이스페이퍼에 싸서 먹으면 맛있는 요리로 꼬치구이처럼 먹는 게 대표적이다.

반쎄오 Bánh Xèo

한국의 부침개나 프랑스에 크레이프와 비슷한 느낌으로, 남부 지역의 대표적인 음식이다. 반죽에 쌀가루, 새우, 숙주, 삼겹살, 닭고기 등이 들어간다. 반Bánh은 빵·떡·케이크를 반쎄오Xèo는 프라이팬에 쌀가루 반죽을 부칠 때 나는 지글지글 소리에서 유래됐다.

짜조 Chá Giò

'짜요'라고도 부르며 월남 쌈을 튀긴 스프링롤, 중국의 춘권과 비슷하다.

고이꾸온 Gỏi Cuốn

라이스페이퍼에 신선한 채소, 해산물, 고기 등을 넣어 싸서 먹는 요리로 월남 쌈을 말한다.

🍲 호이안 3대 요리

까오라우 Cao Lầu

호이안 지역을 대표하는 요리로, 특별히 제작된 호이안식 쌀국수 면에 돼지고기와 채소, 쌀과자를 넣고 비벼 먹는 비빔쌀국수

호안탄 Hoành Thánh

만두피를 튀기고 그 위에 다진 고기와 새우, 토마토를 얹어 먹는 요리

화이트 로즈 White Rose

하얀 장미 모양의 물만두로, 쌀로 만든 만두피가 쫄깃한 식감을 자랑하는, 새우의 살을 으깨어 찐 요리

🍲 후에 3대 요리

넴루이 Nem Lụi

마늘종이나 사탕수수에 꽂아 숯불에 구워진 고기 꼬치구이로, 후에 스타일의 넴느엉(꼬치구이)넴루이를 주문하면 라이스페이퍼와 야채, 소스 등이 나온다.

분보후에 Bún bò Huế

후에 지역을 대표하는 음식으로, 매콤새콤한 맛의 소고기 쌀국수다.

반코아이 Bánh Khoái

베트남식 부침개로, 반쎄오와 비슷하지만 크기가 좀 더 작고 두툼하다.

19

한눈에 보는 베트남 과일

열대 지방인 베트남은 과일이 풍부하다.
저렴한 물가로 1kg만 사더라도 배부르게 먹을 수 있다.
당도가 높고 수분이 많아 더운 날씨 속, 당 섭취하기에 좋다.

망고 Mango

베트남에서는 '쏘아이Xoài'라
고 불린다. 노란 망고는 달콤하
며, 그린 망고는 칠리 소금에
찍어 먹자.

시장 가격 1kg당 VND 25,000~
50,000(약1,300~2,500원/약2~3개)

망고스틴 Mangosteen

베트남에서는 '망꿋Măng cụt'
이라 불리며 4~7월까지가 맛있
다. 이 기간에 베트남 여행을 한
다면 꼭 챙겨 먹자.

시장 가격 1kg당 VND 50,000~
80,000(약2,500~4,000원/8~11개)

슈가 애플 Sugar Apple
=커스터드 애플 Custard Apple

베트남에서는 '망꺼우Măng
cầu'라 불린다. 당도가 높아 자
극적이지 않게 부드럽게 달고
맛있다. 반을 쪼개면 하얀 속살
이 나오고 검정 씨를 잘 발라 먹
으면 된다.

시장 가격 1kg당 VND 50,000~
60,000(약2,500~3,500원/1~2개)

패션프루트 Passion Fruit

베트남에서는 '짜인저이Chanh
dây'라 불린다. 씨를 위주로 먹
는 과일로, 새콤달콤한 과즙은
비타민C가 많아 나른한 오후에
간식으로 먹기 좋다.

시장 가격 1kg당 VND 10,000~
20,000(약500~1,000원)

람부탄 Rambutan

베트남에서는 '촘촘chôm chôm' 이라 불린다. 리치와 비슷하게 생겼지만 껍질을 까면 투명한 알맹이가 나온다.

시장 가격 1kg당 VND 30,000~ 50,000(약 1,500~2,500원)

워터 애플 Water Apple
=로즈 애플 Rose Apple

베트남에서는 '만Mận' 또는 '로 이Roi'라 불린다. '만'은 남쪽에 서 부르고, '로이'는 북쪽에서 부르며, 과즙이 풍부하고, 단맛 은 약한 편이며 소금 등에 섞어 먹는다.

시장 가격 1kg당 VND 30,000(약 1,500원)

두리안 Durian

베트남에서는 '사우리엥Sầu riêng'이라 불린다. 열대 과일의 왕으로, 베트남에서는 흔히 볼 수 있는 과일이며, 냄새가 고약 하지만 한 번 맛보면 계속 생각 나는 맛이다. 달콤, 고소한 천국 의 맛과 지옥의 향을 가진 과일 이다.

시장 가격 1kg당 VND 80,000(약 4,000원/두리안 1개당 1.5kg~2kg선)

용과 Dragon Fruit

베트남에서는 '탄롱Thanh Long' 이라 불린다. 냉장고에 넣어 두고 먹으면 과즙이 시원해 맛 있다.

시장 가격 1kg당 VND 20,000~ 60,000(약 1,000~3,500원/3~5개)

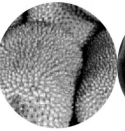

잭푸르트 Jackfruit

베트남의 대표 과일이며, 두리 안보다는 냄새가 덜 고약하다. 당뇨에 좋다.

시장 가격 1kg당 VND 50,000(약 2,500원)

용안 Longan

베트남에서는 '냔Nhãn' 혹은 '롱냔Long Nhãn'이라 불린다. '용의 눈'이라는 뜻으로 동그랗 게 생긴 이 과일은 속의 색은 하 얗고 맛은 달콤하며, 불면증과 건망증에 좋다.

시장 가격 1kg당 VND 20,000~ 40,000(약 1,000~2,000원)

한눈에 보는
베트남 커피 & 음료 & 술

베트남은 세계 3위의 커피 수출국이다.
아침에 눈을 떠 커피로 하루를 시작해 커피로 오후를 마무리한다고 해도 과언이 아니다.
우리나라 커피 맛과 조금 다른 베트남 커피를 경험해 보자.

베트남 커피

베트남 커피|Vietnamese Coffee 또는 월남 커피越南~는 베트남의 커피 음료다. 코페아 아라비카종 커피가 프랑스의 가톨릭 사제에 의해 1857년 베트남에 처음 유입됐다. 신선한 젖의 공급에 제한이 있었기 때문에 프랑스인들과 베트남인들은 다크 로스트 커피와 함께 달달한 응축유를 사용하기 시작했다. 세계 3위의 커피 수출국답게 베트남 사람들의 커피 사랑은 각별하다. 베트남어로 커피를 '카페|Cà Phê'라 하며 '카페 쓰어다Cà Phê Sữa Đá'는 얼음을 넣은 냉커피를 말한다. 물보다 더 많이 마시는 베트남의 커피 사랑을 들여다보자.

> **TIP 베트남 커피 주문하기**
>
> 베트남은 블랙커피가 기본이다. 그리고 얼음과 연유를 추가하면 가격이 조금씩 비싸진다. 베트남의 커피는 매우 진하고 묵직하다. 우리나라에서 즐겨 마시는 아메리카노라고 생각하면 안 된다. 에스프레소만큼 진하므로 설탕 대신 연유를 넣어 마시는 커피가 대중화됐다. 베트남 커피는 전통적인 드립 방식으로 커피를 주문하면 '핀'이라 불리는 1인용 드리퍼를 잔 위에 올려 준다. 양철 같은 드리퍼에 한두 방울씩 커피를 떨어뜨리다가 커피가 다 떨어지면 얼음이 담긴 컵에 부어 마신다.
>
> ★ **블랙커피** Hot Black Coffee – Cà Phê Đen Nóng(카페 덴농): '농'이라 는 단어는 '따뜻하다'라는 뜻이다.
> ★ **블랙 아이스커피** Iced Black Coffee – Cà Phê Đá(카페 다): '다'라 는 단어는 얼음을 뜻한다.
> ★ **연유커피** Hot Coffee with Condensed Milk – Cà Phê Sữa Nóng(카페 쓰어 농): 연유를 넣은 블랙커피
> ★ **연유 아이스커피** Iced Coffee with Condensed Milk – Cà Phê Sữa Đá(카페 쓰어다): 연유를 넣은 블랙 아이스커피
> ★ **에그커피** Egg Coffee – Cà Phê Trứng(카페 쯩): 달걀 노른자를 연유 와 섞어 거품을 내서 만든 커피

에그커피

쩨 Chè

베트남 음료

쩨는 컵 빙수로, 컵 안에 열대 과일, 코코넛, 팥, 녹두 등의 곡식을 듬뿍 넣어 수저로 곡식을 건져 먹기도 하고 시원하게 마시기도 한다. 쩨의 종류는 첨가되는 곡식의 종류만큼이나 여러 가지다. 어떤 종류의 쩨는 단팥죽처럼 따뜻하게 먹는 것도 있고Chè Đậu, 과일이 들어간 쩨도 있다. 지역에 따라 다양한 쩨를 즐기는데, 북부 안장 지방에서는 삶은 과일·녹두를 넣은 쩨 브으이Chè Bưởi를, 중부 퀴논 지방에서는 구운 바나나와 누룽지·땅콩을 넣어 만든 쩨쭈오이느엉Chè Chuối Nướng을 많이 먹는다. 무엇을 고를지 고민이라면 쩨 땁깜chè thập cẩm을 먹어 보자. 콩, 팥, 땅콩 등 여러 가지 혼합된 쩨다. 쩨의 주원료는 콩이다. 콩 종류로는 흰 콩, 검은 콩, 땅콩 등 다양하며 녹두, 팥, 코코넛 껍질도 쩨의 원료로 쓰인다. 쩨 더우Chè Đậu라 불리는 가장 흔한 쩨는 삶은 콩과 코코넛 껍질을 끓인 우유 같은 액체인 느윽즈아Nước Dừa를 섞은 것이다. 먹을 때는 유리컵에 쩨와 간 얼음을 적당량 섞어서 먹는데 보통 한 컵에 VND1,000~8,000(약 50~400원)가량 한다. 베트남에서는 가장 좋은 디저트다.

느억미아 Nước Mía

사탕수수 주스로, 우리에게 그다지 친숙하지 않다. 하지만 열대 지방에서는 하나의 식량 원으로 각종 음식의 재료로도 다양하게 쓰인다. 사탕수수는 긴 막대기처럼 생겼으며 그 안에 당도가 높은 물이 차 있다. 이 달콤한 즙을 짜서 음료로 마시는 것이다. 길거리에 사탕수수를 짜는 기계와 작은 의자를 몇 개 두고 느윽 미아를 파는 곳이 종종 보인다. 사탕수수를 넣고 기계를 돌리면 사탕수수가 밀려 나가며 즙은 아래로 떨어진다. 얼음을 넣은 컵에 이 즙을 넣으면 완성된다. 요즘에는 과일(파인애플이나 라임) 등을 추가해서 상큼한 과일의 단맛을 곁들여 먹기도 한다.

껨 Kem

과일이 첨가된 아이스크림으로, 생아이스크림Kem Tươi 이라고 생각하면 된다. 베트남에서 우리나라로 치면 B모 가게의 31과 같은 아이스크림 가게인 껨 박당Kem Bạch Đằng이 있다. 여기서는 신선한 열대 과일로 만든 아이스크림을 만들어 주는데 그 중 달콤한 코코넛 아이스크림인 껨짜이즈아Kem Trái Dừa가 주 메뉴다. 코코넛 아이스크림과 각종 과일을 넣은 것으로 달콤하고 신선한 맛이 일품이다. 우리나라에서는 흔히 볼 수 없는 열대 과일을 넣은 아이스크림은 후식 디저트로 빼놓을 수 없는 즐거움이다.

베트남 전통 술

전통 술의 의미

지금의 베트남 사람들은 맥주, 포도주(와인)를 즐기지만 전통적인 술로는 찹쌀로 만든 르어우Rượu나 르어우데Rượu Đế를 들 수 있다. 베트남의 소수 민족 사파의 전통 술은 쌀을 주 원료로 발효시켜 만들었고, 맛은 막걸리에 청주를 약간 섞은 듯한 맛이다. 조상에게 제사를 지낼 때에는 반드시 백주를 쓴다. 이색적인 것은 전통 술이 들어간 항아리에 대나무 빨대를 꽂아 여러 명이서 함께 마시는 문화가 있다. 베트남에서 잊지 못할 추억거리 중 하나는 상점이나 음식점에서 여러 가지 정력에 좋다는 동물을 넣어 마시는 약술인 르우웅우싸(네다섯 마리의 뱀을 넣어 만든 술)를 비롯해 큰 식용 도마뱀 술을 파는 광경을 목격하는 것이다. 이 밖에도 염소 피가 든 르우띠를 비롯해 여러 가지 종류의 술이 있다. 베트남 사람들은 주로 집에서 잔치를 많이 열기 때문에 전통 술은 집에서 주로 마시는 편이다. 베트남어로 르어우Rượu는 술을 의미하고, 즈어우껀Rượu Cần은 전통 술을 의미한다.

넵머이 Nep Moi

베트남의 전통 술 중에 중국의 고량주나 일본의 사케와 같이 도수가 높은 전통 보드카가 따로 있는데 이를 찹쌀로 만든 넵머이Nep Moi를 말한다. 베트남 사람들은 넵머이를 따뜻하게 데워서 결혼식과 같은 특별한 날에 건배용으로 마시곤 한다. 맛은 구수한 편이며, 100% 쌀로 3번 증류해서인지 맛이 부드럽다. 작은 마트 등에서는 $3~4, 식당에서는 $7~8에 판매한다. 알코올 도수는 29.5도, 39.5도 두 종류가 있다. 요즘은 넵머이에 라임과 세븐업 등의 탄산음료를 얼음과 섞어 마시는 게 보편화되었다.

멘 보드카 Men Vodka

100% 쌀을 증류해 만든 술로 알코올 도수는 29.5도, 39.5도 두 종류로, 베트남 소주로 불린다.

달랏 와인 Vang Dalat

알코올 도수는 12도로 화이트와 레드 와인이 있다. 품종은 카디널Cardinal이다. 국민 와인으로도 불린다. 보통 한화로 2~3천 원이다.

하노이 보드카 Hanoi Vodka

알코올 도수는 29.5도 제품과 알코올 도수 33도 제품이 있다. 단, 시중에 가짜도 판매되고 있으니 주의하자. 전면의 라벨이 흐리거나 번져 있으면 가짜, 가늘고 선명하게 인쇄가 되어 있으면 진짜로 구분한다.

 원 샷?

원 샷 문화는 우리나라보다 베트남이 더 즐겨 사용한다. '짬 판 짬 Tham Phan Tram'은 우리나라 원 샷과 같은 의미고, 미국의 '바텀스 업 Bottoms Up'과 같은 뜻이다.

베트남
맥주

베트남은 세계에서 맥주가 가장 저렴한 나라다. 동남아 국가 중 맥주 소비가 2위일 정도로 맥주를 많이 마시는 나라이기도 하다. 베트남의 3대 맥주는 비어사이공 〉 333 〉 비어하노이이다. 맥주의 이름도 그 지방의 이름을 딴 것이 많다. 비어하노이, 비어사이공, 비어껀터, 비어꾸이년 등의 지방 맥주 브랜드가 있다.

비아흐이 Bia Hơi

생맥주로 보리가 아닌 쌀, 옥수수, 칡 등의 값싼 원료로 만들어져 300~ 500ml 컵에 담아 컵 단위로 판매한다. 특이한 점은 시원하게 마시기 위해 냉장 보관보다는 얼음을 넣어 희석시켜 마시기 때문에 맛이 조금 밋밋하다고 느낄 수 있다.

비어 사이공 라거 Bia Saigon Lager

이전에는 33(바바)라는 이름이었으나, 품질 개량 뒤에 사이공(지금의 초록색)으로 개병됐다.

비어 사이공 익스포트 Bia Saigon Export

사이공 익스포트는 한국이나 해외 등지에서 더 인기 있는 맥주로, 쌀과 홉의 고소한 맛과 쓴맛이 조화를 이루는 맥주이다.

333

사이공 333 맥주는 1893년 프랑스에 의해 독일의 원료로 탄생했다. 처음 발매될 때에는 '33'맥주였고, 100년이 지난 1975년 3을 하나 더 붙여 '333'이 됐다. 청량감이 좋아 여성들이 선호하는 맥주다.

비어 사이공 익스포트

비어 하노이 Bia Hanoi

베트남의 전형적인 라거 스타일의 맥주로, 약간의 탄산과 쌉싸래한 끝 맛이 있어 사랑받는 맥주다.

라루 Larue

다낭 지역의 맥주로 청량감이 적은 편이고 홉 맛과 향이 있는 맥주다.

후다 Huda

후에 지역의 맥주로, 흐엉강Sông Hương 물로 맥주를 만든다. 다른 지역에 후다 맥주 공장에서 만든 것보다 후에에 있는 공장에서 만든 후다 맥주가 더 맛있다. 후다 맥주는 2013년 월드 비어 챔피언에서 은메달을 받았다.

하리다 Halida

베트남항공 기내에서 제공하는 맥주로, 처음 목 넘김이 부드럽고 강하지 않은 은은한 맥주다.

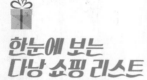

한눈에 보는
다낭 쇼핑 리스트

부담스럽지 않은 선물 아이템부터
오랫동안 기억하고 싶은 '베트남의 맛'까지,
빠질 수 없는 쇼핑 아이템을 살펴보자.

G7 커피

'베트남 기념품 = G7' 커피라고 해도 과언이 아닐 정도로 유명한 커피. 베트남의 커피 회사 쭝응우옌Trung Nguyên에서 2003년 론칭한 브랜드로 에스프레소, 헤이즐넛, 모카, 카푸치노, 믹스 커피 등 다양한 종류가 있다. 커피, 프림, 설탕이 모두 들어간 것은 '3 in 1' 커피, 설탕이 들어간 것은 '2 in 1', 아무런 표시가 없으면 블랙 커피다. 한 박스에 보통 15개가 들어있고 사이즈에 따라 50개, 100개입도 있다. 진하면서 달콤한 베트남 커피가 마음에 들었다면 여행 중 잊지 말고 구입하자. G7 커피는 부담 없는 가격대로 지인들에게 나눠 주기에도 좋다. 마트나 시장에서 쉽게 구할 수 있다.

시장 가격 15개입 VND 25,000(약 1,300원)

콘삭 커피(다람쥐 커피)

믹스 커피에 G7이 있다면 원두커피에는 쯔엉선Truong Son의 콘삭 커피가 있다. 콘삭Con sóc은 베트남어로 다람쥐라는 뜻이다. 고산 지대에서 재배한 100% 아라비카 원두에 헤이즐넛 향을 첨가한 커피로, 카페인 함량이 적고 향이 진한 것이 특징이다. 아라비카와 로부스타 원두를 반씩 섞은 제품도 있다. 우리가 흔히 말하는 다람쥐 똥 커피는 실제로 다람쥐의 배설물로 만든 커피는 아니다. 쯔엉선에서 다람쥐가 헤이즐넛을 좋아한다는 점을 착안해 친숙한 이미지의 다람쥐를 마케팅화해서 지었다. 종류는 퓨어, 헤이즐넛, 밀크, 블랙으로 네 가지 종류가 있다. 페이퍼 필터 커피라 바로 내려 마실 수 있어 간편하고 고급스러운 상자 느낌이라 선물용으로 좋다.

시장 가격 10개입 VND 70,000(약 3,500원), 원두(200g) VND 37,000~55,000(약 1,800원~2,800원) 홈페이지 www.consoc.com.vn

하이랜드 커피 Highlands Coffee

베트남 커피 체인점으로 유명한 하이랜드 커피에서 만든 봉지 커피와 원두로, 가격대가 베트남의 판매 원두 요금의 일반적인 요금보다는 다소 높은 편이다.

시장 가격 20개입 VND 48,000(2,400원), 원두(200g) VND 55,000~75,000

위즐 커피 Weasel Coffee

족제비Weasel를 뜻하는 위즐에서 나온 원두를 세척하고 햇볕에 말린 것으로, 산뜻한 산미와 쓰지 않고 부드러운 맛의 헤이즐넛 향을 느낄 수 있다. 금액대는 위즐 커피가 콘삭 커피보다 비싼 편이라 고급 선물용으로도 무난하다.

시장 가격 원두(200g) VND 450,000(약 23,000원)

말린 과일 & 과일 과자

동남아 여행 기념품 하면 빠질 수 없는 것이 말린 과일이다. 다양한 열대 과일이 있지만 그중 망고가 단연 사랑받는다. 달콤하면서도 쫄깃한 식감으로 남녀노소 누구나 사랑하는 과일이다. 고구마, 코코넛, 바나나 등을 말린 과자도 선호한다.

비나밋 믹스드 프루트 Vinamit Mixed Fruit

비나밋의 말린 과일 시리즈는 다낭 쇼핑 리스트의 커피만큼 유명하다. 그중 믹스 프루트는 바나나, 고구마, 잭프룻, 토란, 파인애플 등이 들어가 있다. 설탕, 합성첨가물, 방부제 등이 들어가 있지 않은 100% 천연 원료다.
시장 가격 VND 43,000(약 2,200원)

비나밋 망고 Vinamit Mango

비나밋 제품은 건 과일 생산량의 대부분을 차지하는 믿고 먹는 브랜드다. 동결 건조한 제품과는 달리 식감이 좋다.
시장 가격 100g당 VND 41,400(약 2,000원)

비나밋 다크 초콜릿 망고 Vinamit Dark Chocolate Mango

건망고에 초콜릿을 묻혔다? 제품의 사진과 달리 망고 전체에 초콜릿을 코팅했다. 선물용으로도 좋다.
시장 가격 100g당 VND 44,800(약 2,300원)

노니 Noni

동남아의 열대 과일 노니. 할리우드 스타 미란다 커의 건강 관리 비결로도 잘 알려져 있는 만능 식품이다. 노니에는 질병과 노화를 막는 폴리페놀이 다량 함유돼 있으며, 몸과 피부의 독소를 빼주는 과일로도 유명하다. 우리나라에서는 쉽게 구할 수 없기에 어른들에게 드리는 선물로 좋다.
가격 티백16개입 VND 30,000~53,000(약 1,500~2,700원)

건강 차

아티소(아티초크) Atisô

서양의 불로초로 불리는 차. 시나린 성분이 간의 기능을 도와주어 튼튼하게 해 주고 숙취에 좋다. 장의 운동을 활발하게 하여 소화 불량일 때 소화가 잘 되도록 촉진시켜 준다.
가격 20개입 VND 68,400(약 34,500원), 200g당 VND 67,100(약 34,000원)

여주 차

면역력 증진과 비타민C가 함유되어 있어 피로 회복에 좋은 영향을 미친다. 당뇨에도 도움을 준다.
가격 20개입 200g당 VND 42,500(약 2,200 원)

노니

쌀국수
& 라면

호양 기아 퍼 팃보 쌀국수 Hoàng Gia Phở Thịt Bò

베트남에서 먹었던 쌀국수를 그대로 한국에서도 맛볼 수 있다. 한국의 대형 슈퍼에도 판매를 하지만 쌀국수의 본고장인 이곳에서는 다양한 종류의 쌀국수와 라면이 진열돼 있는데, 이 중에 'PHỞ'라고 적힌 것이 쌀국수다. 한국으로 가져오기에는 컵라면보다 봉지에 들어 있는 제품이 수월한 편이다. 박스로 사 오는 사람들도 종종 있다.

가격 1봉 VND 12,400(약 650원)

하오 하오 톰 쭈아 카이 라면 Hảo Hảo Tôm Chua Cay

우리나라의 새우탕 라면의 작은 버전이라고 생각하면 쉽다. 금액대가 저렴해서 쇼핑 리스트의 단골 품목이다. 하오 하오 시리즈는 다양한 라면 종류가 있다. 사가미Sagami 라면은 된장 라면의 국물 맛이 진해서 추천한다. 미싸오코Mì Xào Khô는 볶음라면으로 블로거들이 추천하는 라면 종류이며, 그 밖에 다양한 맛을 부담 없는 가격으로 즐길 수 있다.

가격 1봉 VND 3,100(약 150원)

마카다미아 Macadamia Nut

스테인리스로 된 은색 도구로 껍질 채 까먹는 재미가 있는데 마카다미아. 겉모습만 보면 초콜릿처럼 보이지만 바로 까서 먹으면 신선하고 고소해 맥주 안주로도 손색없고 간식으로도 추천한다.

가격 한 시장 기준 하프키로 VND 170,000~

캐슈너트

브랜드보다는 원하는 사이즈에 맞게 다양한 사이즈로 판매한다. 우리나라의 땅콩처럼 껍질째 까서 먹는 형태로 되어 있다. 베트남에서 유명한 캐슈너트는 진공 포장돼 있어 선물용으로 사 오기 좋다. 맥주 안주로도, 아이들 간식용으로도 인기 만점이다.

가격 VND 113,300~170,000(약 5,500~8,500원)

기타

맥주

원하는 브랜드의 맥주를 고르자. 한국 맥주보다 탄산이 적은 편으로 보리 맛이 좀 더 강하다. 맥주가 저렴한 지역으로 여행 온 첫날에 미리 구입해서 숙소 냉장고에 넣어 두는 편이 합리적이다.

가격 라루, 사이공, 타이거 맥주 등 1캔당 VND 8,300~12,000(약 450~600원)

나무젓가락

전이나 튀김을 부칠 때, 어머님들 선물용으로 제격이다. 젓가락을 사용하는 문화인 베트남에서는 가볍고 정교한 젓가락을 저렴하게 구매할 수 있어 실용적인 쇼핑 리스트로 젓가락을 추천한다. 젓가락은 꼭 코팅된 것을 구입해야 물이 안 빠진다.

가격 10세트 VND 47,000(약 2,400원)

31

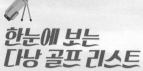

한눈에 보는
다낭 골프 리스트

다낭에서 가장 골프 치기 좋은 날씨는 10~2월 사이다. 이 시기에 많은 골퍼가 다낭을 찾는다.
하지만 다낭이 동남아시아라고 해서 그린 피가 저렴한 것은 아니다.
골프장 관리나 캐디들의 실력은 다른 동남아시아 골프장에 비해 뒤쳐지지 않게
관리되고 있기 때문에 특별한 재미와 추억을 만들고 싶은 사람들에게 추천한다.
다낭 시내에서 약 20분 내에 있는 다낭CC, 몽고메리CC부터
1시간 거리에 있는 랑코 라구나CC가 있다.

TIP   다낭 골프장을 찾는 골퍼들의 간단한 이용 방법

★ 골프장에는 최소 20분 전에 도착한다.
★ 외부 음식이나 음료수는 반입 금지다(반입 시 1인 US$20 페널티).
★ 티업 시간 이후 도착 시 플레이 불가와 자동 취소된다(취소 시 환불불가).
★ 4인 1조 기준이며, 4인 미만은 조인 플레이가 될 수 있다(조인 거부 시 1조 4인 비용 전액 지불).
★ 2인 1카트, 1인 1캐디 기준이다.
★ 캐디 팁 18홀 기준 US$10 정도 지급을 권장한다.

BRG 다낭 골프장
BRG Danang Golf Club

베트남 10대 골프 코스 가운데 1위 골프장
홈페이지 www.dandanggolfclub.com

2010년 4월 30일 개장한 다낭 골프 클럽은 다낭 공항에서 약 15분 거리에 위치해 이동이 용이하다. 다낭에서 가장 아름답다는 남부 해변에 자리한 BRG 다낭 골프 클럽은 무엇보다 시원한 경관을 자랑한다. 세계적으로도 명성이 자자한 이 골프장은 베트남 10대 골프 코스 가운데 당당히 1위에 오른 곳이다. '백상어'라는 별명을 지닌 호주 출신의 프로 골퍼 그렉 노먼이 직접 디자인한 곳으로, 아시아 골프장에서 최상급으로 손꼽힌다. 2010년에는 미국 유명 골프 잡지의 '세계 최고의 골프장 15선'에 선정되기도 했다. 150 헥타르 면적의 18홀 규모를 자랑하며, 이곳의 듄즈 코스는 동남아시아에서 최초로 선보인 스타일이다. 더불어 화려한 클럽 하우스도 눈길을 끈다. 골퍼들을 위한 편의 시설이 잘 갖춰져 있으며, 드라이빙 레인지 역시 연습하기에 부족함이 없다. 3,000제곱미터의 잔디 연습장과 1,600제곱미터의 퍼팅 그린, 2개의 연습용 벙커가 마련돼 있다. 또한 연습 도중 쉴 수 있는 비스트로와 로커 룸도 준비돼 있어 편안한 퍼팅을 즐길 수 있다. 듄즈 코스 너머로 보이는 바다 경관이 유명하며, 화창한 날이면 오행산의 환상적인 파노라마가 눈앞에 펼쳐지는 모습도 감상할 수 있다.

몽고메리
골프장
Montgomerie
Links

세계 최고 수준의 세미 프라이빗 클럽

홈페이지 www.montgomerielinks.com

다낭시에 위치한 세계 최고 수준의 세미 프라이빗 클럽이자 베트남의 베스트 챔피언십 코스로 선정된 몽고메리 골프 클럽. 본래는 다낭 골프 클럽이지만 코린 몽고메리|Colin Montgomerie라는 유명 골프 인사가 설계하고 또한 그 사람을 주제로 대회를 연 이후에 사람들에게 몽고메리 골프장Montgomerie Links으로 알려져 있다. 몽고메리 골프장은 총 18홀로 구성돼 있고, 각 홀을 자연 특성과 친밀하게 연관시켜 놓은 점이 특징이다. 이 골프장은 수많은 벙커와 바다에서 불어오는 해풍으로 나무들이 휘어져 있는 것이 인상적이다. 프로 골퍼들도 쉽지 않은 코스라고 여길 정도로 코스가 까다롭다. 또한 적당한 해저드와 모래

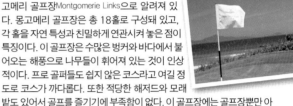

밭도 있어서 골프를 즐기기에 부족함이 없다. 이 골프장에는 골프장뿐만 아니라 식당과 리조트까지 갖춰져 있기 때문에 관광과 휴양을 겸한 골퍼들에게 적합하다. 다낭CC보다 몽고CC가 전장도 길고 업 다운이 있는 골프장으로 초급자는 다낭CC보다는 몽고CC가 라운딩하기 수월하다.

라구나 랑코 골프장
Laguna Lang Co Golf Club

다낭 공항과 인접한 반얀트리 체인업체 레저 타운

홈페이지 www.lagunalangco.com

다낭 공항에서 약 1시간 거리에 있는 라구나 골프 클럽이다. 세계 우수 리조트 체인업체인 '반얀트리'에서 운영하는 종합 레저 타운으로, 골프장과 고급 빌라를 동시에 운영하고 있다. 프로 골퍼 닉 팔도가 디자인한 18홀 골프장으로 정글 속에서 골프를 치는 듯한 기분을 만끽할 수 있게 해 준다. 그중 15번 홀 그린에서 올려다보는 바다의 모습은 장관으로 꼽힌다. 리조트에서 카트로 3분 거리에 위치한다. 골프 프런트에는 골프용품을 판매하는 곳 안에 위치해 있으며, 로커 룸 안에는 쉴 수 있는 소파와 세면대, 개인 샤워장 및 화장대 등이 준비돼 있어 여행 마지막 날 공항에 돌아가기 전까지도 편안하게 골프를 즐길 수 있다.

바나힐 골프장
Ba Na Hills Golf Club

바나힐과 인접한 신선 같은 곳

홈페이지 www.banahillsgolf.com

IMG에서 총괄한 전 세계 랭킹 1위 루크 도널드가 첫 번째로 설계한 골프장으로 2016년 3월에 개장했다. 바나힐로 가는 길목에 위치해 있어 계곡과 인접해 있기 때문에 무더운 날씨에도 선선한 계곡 바람을 맞으며 라운딩을 즐길 수 있다. 다낭CC, 몽고메리CC, 라구나CC 등 다낭 해변에 위치한 골프장과는 다른 날씨를 자랑하지만 다낭 시내에서는 약 30분 거리에 있기 때문에 다른 골프 클럽들에 비해 시내와의 접근성은 떨어진다. 산 아래 위치해 있기 때문에 평평한 느낌의 코스가 많고 코스 난이도는 중급 정도다. 전반 9홀은 전형적인 랜드 스타일로 숲과 어우러져 있으며, 후반 9홀은 힐 사이드 스타일로 다양한 즐거움을 제공한다. 주요 시설로는 클럽 하우스, 레스토랑, 프로 숍, 골프 아카데미, 드라이빙 레인지 등이 있다. 골프 라운딩 후 세계에서 두 번째로 긴 케이블카를 타고 바나힐 정상에 오를 수도 있어서 여행의 재미를 더한다.

이름 노태호(다낭 관광청 대표) **근무지** 다낭 관광청 한국 사무소 **근무기간** 7개월

Q 다낭 관광청의 업무와 간단한 자기 소개를 해 주시겠어요? 안녕하세요. 네오 마케팅플러스㈜의 노태호 대표입니다(다낭 관광청 한국 대표[베트남정부 공식 지정]). 베트남은 많은 사람이 알고 계신 것처럼, 공산 국가 체제를 유지하는 몇 안 되는 국가입니다. 아직 한국에 공식적인 베트남 관광청이 생기지 못한 것도 그런 이유일 것입니다. 하지만 한국과 베트남의 인연은 굉장히 오랫동안 유지되면서 발전해 왔습니다. 그 첫 단계로 베트남에서 가장 인기 있는 지역의 한국 대표를 2017년 11월부터 맡고 있습니다. 저의 역할은 다른 국가 관광청과는 조금 다릅니다. 우선 한국 여행사업계의 동향 및 향후 다낭 지역 관광 발전을 위해 가교 역할을 하고 있다고 보시면 될 것 같습니다.

Q 대표님이 생각하는 다낭의 매력은 무엇인가요? 베트남 중부 지방인 다낭 지역은 3색 매력을 갖춘 곳이라 말하고 싶습니다. 볼거리, 먹거리, 즐길 거리를 갖춘 매력적인 곳입니다. 우선, 다낭의 길고 아름다운 해변을 따라 관광객들의 취향에 맞게 잘 갖춰져 있는 숙소와 다낭을 중심으로 유네스코 자연, 문화 유산(미선 유적지, 호이안 옛거리, 후에 성, 풍냐케방 동굴)이 자리함으로써 볼거리를 제공하고 있습니다. 중부 지방인 다낭은 인접 국가와 가깝게 자리하며, 비옥한 토양에서 생산되는 현지 먹거리와 근해에서 잡히는 해산물이 풍부해 베트남 전체에서 맛집이 많기로 소문난 곳입니다. 해안가에서 이루어지는 해양 스포츠(서핑, 카이트 서핑, 스노클링)와 호이안 타운(오토바이 투어, 현지 요리 교실 체험)에서 즐기는 체험 관광, 골프 투어 그리고 각종 지역 축제에 참여할 수도 있습니다(다낭 관광청 홈페이지danangfantasticity.com/ko참고).

Q 다낭과 호이안에서 좋아하는 식당이나 즐겨 찾는 장소가 있으시면 공유 부탁드려요. 저는 개인적으로 현지 음식을 추천 드리고 싶습니다. 한국에서도 베트남 음식점이 많이 생기면서 베트남 음식에 대한 거부감이 많이 사라진 것이 사실입니다. 현지 음식 및 식당에 대한 정보도 다낭 관광청 홈페이지에서 확인할 수 있으며, 저는 개인적으로 아래 2군데를 추천 드립니다.

쎄오 75 Xeo 75

주소: 75 Hoang Van Thu St., Hai Chau Dist. Danang, Vietnam
홈페이지: xeo75.com
추천 메뉴: 반쎄오Banh Xeo (베트남 팬케이크), 랍스타 반쎄오

마담 란 Madame Lan

주소: 4 Bach Dang, Hai Chau, Danang, Vietnam
홈페이지: www.madamelan.vn
추천 메뉴: 미꽝Mi Quang(다낭 지역 비빔 쌀국수), 분보 후에Bun Bo Hue(후에 지역 쌀국수)

이름 강신옥 **근무지** 다낭 현지여행사 **근무기간** 4년 7개월

Q 다낭으로 온 이유와 다낭의 매력이 무엇인가요? 하노이에 있다가 2014년에 다낭으로 내려 왔습니다. 다낭은 어느 곳보다 여유롭고 한가로운 곳입니다. 삶에 여유를 만끽하면서 시간에 구속받지 않고 즐길 수 있는 곳이기도 합니다. 조금은 무료할 수도 있지만 이것이 매력인 것 같습니다. 석양을 보면서 비치를 걷는 것도 호이안 구시가지에서 여러 가지 잡다한 것들을 구경하고 분위기 있는 카페에서 차 한잔의 여유를 즐길 수 있는, 곳곳에 매력이 숨어 있는 아름다운 곳입니다.

Q 다낭에서 꼭 여긴 가봐야 한다는 핫 플레이스 추천해 주세요. 단연 호이안인 것 같습니다. 16세기 정취를 그대로 느낄 수 있고 아기자기한 분위기를 연출할 수 있는 곳이어서 저는 다낭 하면 호이안이 제일 먼

저 떠오르네요. 두 번째는 당연히 비치를 추천합니다. 다낭은 강과 바다가 만나서 어우러진 곳이라 도시에서 비치를 같이 즐길 수 있는 매력적인 곳이죠. 특히 안방 비치는 저도 한 번에 반할 정도로 여유와 휴양의 느낌이 물씬 나는 곳이었습니다.

Q 현지 식당이 아니더라도 맛집이나 카페, 펍이든 추천해 주실 맛집이 있다면 알려 주세요. 이탈리안 식당 루나입니다. 다낭 시내 노보텔 근처에 있으며 주인이 이탈리아 사람으로 이탈리아 정통 음식을 맛볼 수 있고 저녁 시간 때는 재즈, 팝 등의 공연도 이루어져 새로운 분위기를 연출합니다. 플다낭은 다낭에서 미케 비치에 바로 붙어 있어 바다를 보면서 음료, 식사를 즐길 수 있는 곳입니다. 또한 해양 레포츠도 같이 즐길 수 있습니다. 시간이 많을 때는 이곳에서 시간 보내기 딱 좋습니다. 와이파이도 제공되어 더욱 좋습니다. 밤 문화를 즐길 만한 곳으로는 풍뎅 나이트를 추천합니다. 다낭에서 제일 시설 좋고 규모가 큰 나이트이며 현지인들이 주로 이용하는 고급 나이트입니다. 특히 음향 시스템이 좋아서 큰 음악에도 귀가 아프지 않습니다. 위치는 노보텔에서 차량으로 5분 거리에 있습니다.

이름 남주연 근무지 몽키트래블 근무 기간 2년

Q 소장님이 생각하는 다낭의 매력은 무엇인가요? 휴양과 관광 두 마리 토끼를 모두 잡을 수 있는 곳이라서 매우 매력적이죠. 첫째 넓고 긴 해안선을 따라 늘어선 리조트와 저렴한 물가. 둘째, 유네스코 세계문화유산에 등재된 보석 같은 도시 호이안. 셋째, 베트남 마지막 왕조의 숨결을 느낄 수 있는 후에, 넷째, 어디서도 볼 수 없었던 해발 1,500m 바나산 정상에 위치해 있는 종합 테마파크 바나힐을 들 수 있죠.

Q 요즘 다낭에서 뜨고 있는 핫 플레이스를 추천해 주세요. 최근 다낭의 밤을 즐기러 오시는 분들이 많아요. 이미 많이 알려져 있는 노보텔 스카이 36과 알라카르트 루프톱 그리고 요즘 많이 가는 골든 파이, 오큐 바 그리고 뉴 오리엔트 호텔의 루프톱 바 그리고 그 밑에 풍동 나이트까지 밤이 깊어질 때까지 신나게 흥이 나는 곳이죠.

Q 다낭 여행을 하면서 주의해야 할 사항이 있다면 알려 주세요. 이건 다낭뿐만 아니라 베트남 여행을 하시면서 주의해야 할 사항인데요. 소매치기를 조심해야 해요. 다낭은 소매치기가 없었던 동네입니다만 최근 관광객이 급증하며 소매치기가 하노이 호치민 쪽에서 유입됐다고 하더라고요. 가급적이면 지갑은 안전한 곳에 보관해 놓고 그날 이용할 정도의 베트남 돈만 챙겨 가시는 걸 권해드립니다. 저는 개인적으로 호텔 안전금고도 믿지 못해서(한 번 당했어요) 자물쇠가 있는 제 개인용 캐리어에 넣은 뒤 잠가 놓고 나옵니다.

Q 다낭과 호이안을 찾는 사람들에게 전하고 싶은 말이 있다면? 영어를 잘 못하시는 분들 중 자유 여행을 어려워하시는 분들이 많더라고요. 여긴 영어권이 아니므로 전혀 어려워 하거나 겁내실 필요가 없어요. 어차피 베트남 사람들도 영어 못해요. 간단한 단어로 보디 랭귀지 섞어가며 대화하셔도 됩니다. 요즘 구글 번역이라는 걸작이 도와 주잖아요? 그러니 겁내지 말고 자신 있고 당당하게 소중한 여행을 마음껏 즐기시기 바랍니다. 아차, 그리고 택시보다는 좀더 믿을 만한 그랩을 이용하시는 걸 권해드립니다. 그랩은 한국에서 신용카드 등록까지 해놓고 오면 단위가 커 쉽게 계산하기 어려운 베트남 현금을 계산할 필요 없이 카드로 자동 계산되니 정말 편리해요.

Da Nang
Hoi An · Hue

다낭 호이안 후에

Best Course

여정별 여행 베스트 코스

오전 출발 추천 코스

오후 출발 추천 코스

콘셉트별 여행 베스트 코스

나 혼자 간다 추천 코스

친구와 간다 추천 코스

커플이 간다 추천 코스

가족이 간다 추천 코스

작가편 여행 베스트 코스

이보람 작가가 추천하는 자유 여행 코스

배은희 작가가 추천하는 자유 여행 코스

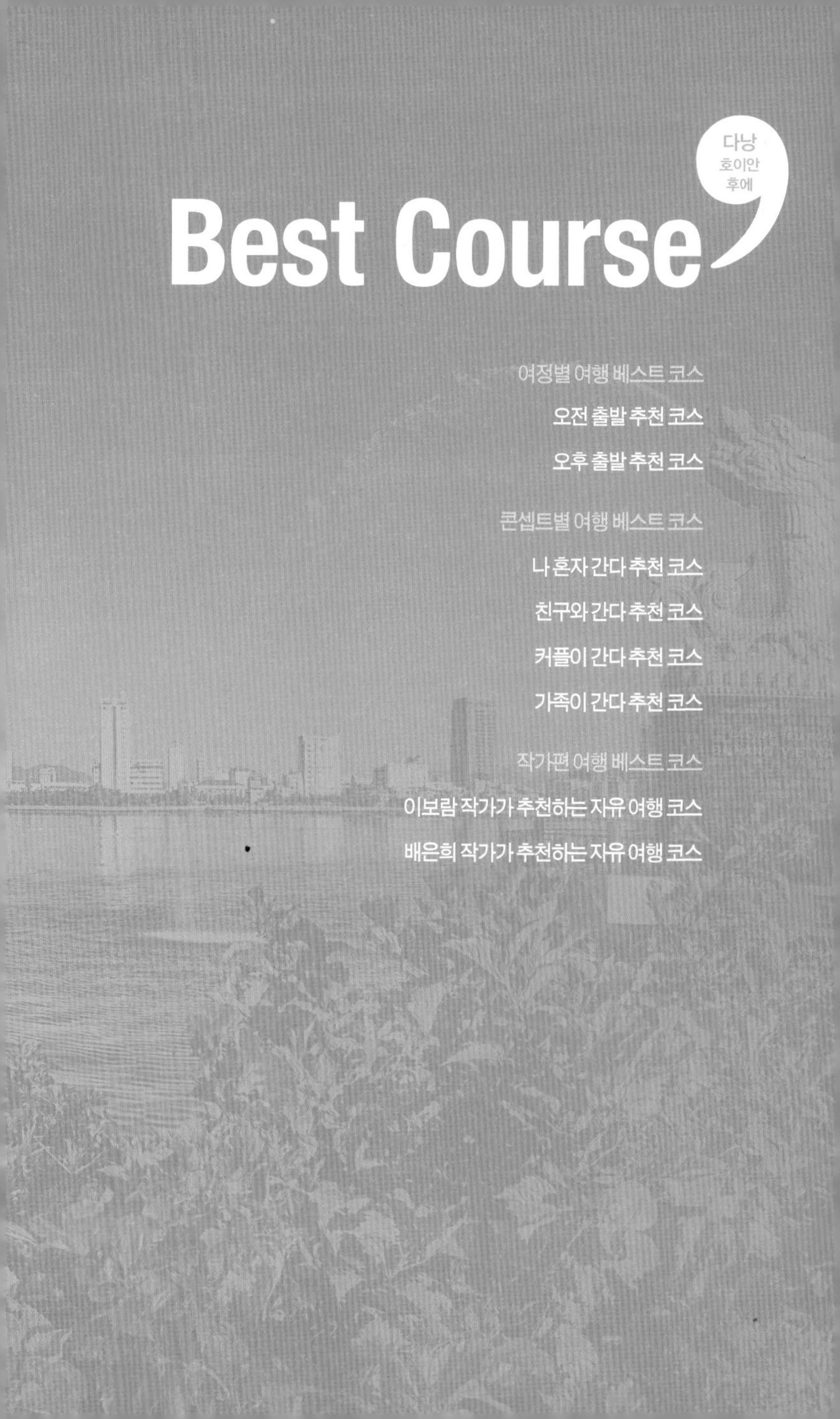

여정별
여행 베스트 코스

호이안의 매력 중 하나는 자유 여행 시 도보 여행하기에 가장 이
상적인 지역이라는 점이다. 지금의 다낭이 있기 전 베트남 중부 지
역의 중심 도시 역할을 한 호이안은 중국과 일본 상인들이 15세기
이후 이곳에 정착하면서 동양적인 벽면들과 사원들이 생겨났다.
투본강을 따라 작은 골목과 골목들이 이어져 있으며, 곳곳에 옛
가옥을 보존한 레스토랑과 아기자기한 카페가 즐비해 있어 여행
자들에게 낯선 재미를 선사한다. 낮에는 잔잔한 투본강을 바라보
며 한가로이 커피와 함께 여유를 즐기고, 밤에는 알록달록한 풍
등이 비춰 주는 호이안의 매력에 빠져 이곳을 끊임없이 찾게 되는
이유가 된다.

오전 출발 추천 코스

오전에 출발하는 비행편을 이용한 코스는 다낭과 호이안 지역에서 각 2박씩 나누는 편이 가장 일반적이다. 호이안은 올드 타운 주변에 있는 호텔을 위주로, 다낭은 해변 근처에 위치한 리조트나 풀 빌라 선호도가 높은 편이다. 한국에 오전 8시 전후로 도착해 출국 수속을 할 수 있는 진에어, 베트남항공, 제주항공을 추천하며, 저렴한 비용으로 좀 더 이른 시간에 출발하기 원할 때는 티웨이항공, 비엣젯항공을 이용할 수 있다.

오전 출발 3박4일 추천 코스

DAY 1 다낭 도착 ➡ 숙소 체크인 ➡ 참 조각 박물관 ➡ 용 다리 ➡ 다낭 대성당 ➡ 한 시장 ➡ 콩 카페 ➡ 린응사 ➡ 냐항랑응에 ➡ 아지트 ➡ 스카이 36 ➡ 숙소

DAY 2 조식 ➡ 바나힐(반일/일일 투어) ➡ 브래서리 ➡ 꽌 반쎄오 바드엉 ➡ 아시아 파크 ➡ 숙소

DAY 3 조식 후 체크아웃 ➡ 호이안 체크인 ➡ 오리비 ➡ 호이안 올드 타운 ➡ 호이안 야시장 ➡ 마담칸 더 반미 퀸 ➡ 팔마로사 ➡ 숙소

DAY 4 조식 후 체크아웃 ➡ 공항 ➡ 한국 도착

DAY 1 공항 도착 ➡ 숙소 체크인 ➡ 참 조각 박물관 ➡ 용 다리 ➡ 다낭 대성당 ➡ 한 시장 ➡ 린응사 ➡ 콩 카페 ➡ 냐항랑응에 ➡ 아지트 ➡ 스카이 36 ➡ 숙소

공항 도착　　숙소 체크인

참 조각 박물관

도보 3분

용 다리

린응사

택시 18분

한 시장

도보 4분

도보 15분

다낭 대성당

택시 18분

도보 14분

도보 8분

콩카페 → 나항랑응에 → 아지트

도보 5분

숙소

스카이 36(야경)

DAY 2

바나힐 ▶ 브래서리(바나힐 내식당) ▶ 꽌 반쎄오 바드엉 ▶ 아시아 파크 ▶ 숙소

케이블카 17분

도보 2분

케이블카 17분

바나힐 매표소 · 바나힐 시계탑 · 브래서리 · 바나힐 주차장

택시 45분

택시 15분

아시아 파크 · 꽌 반쎄오 바드엉

DAY 3 조식 후 체크아웃 ▶ 호이안 체크인 ▶ 오리비 ▶ 호이안 올드 타운 ▶ 호이안 야시장 ▶ 마담칸 더 반미 퀸 ▶ 팔마로사 ▶ 숙소

조식 후
체크아웃

호이안
체크인

오리비

도보
8분

호이안 올드 타운
(1시간 도보 관광)

도보
6분

호이안 야시장

숙소

도보
12분

팔마로사

도보
10분

마담칸 더 반미 퀸

 DAY 4 한국 도착

오전 출발 3박 5일 추천 코스

DAY 1	다낭 도착 ▶ 숙소 체크인 ▶ 참 조각 박물관 ▶ 용 다리 ▶ 다낭 대성당 ▶ 한 시장 ▶ 콩카페 ▶ 린응사 ▶ 나항 랑응에 ▶ 아지트 ▶ 스카이 36 ▶ 숙소
DAY 2	조식 ▶ 바나힐(반일/일일 투어) ▶ 숙소 휴식 ▶ 꽌 반쎄오 바드엉 ▶ 숙소
DAY 3	조식 ▶ 오행산 ▶ 분짜까 109 ▶ 카페 라퓨 ▶ 베만(미케 비치 앞) ▶ 롯데마트 ▶ 숙소
DAY 4	조식 ▶ 호이안 올드 타운 ▶ 라이스 드럼 ▶ 탐탐 카페 ▶ 호이안 야시장 ▶ 다낭 공항
DAY 5	한국 도착

DAY 1

공항 도착 ➔ 숙소 체크인 ➔ 참 조각 박물관 ➔ 용 다리 ➔ 다낭 대성당 ➔ 한 시장 ➔ 콩 카페 ➔ 린응사 ➔ 냐항 랑응에 ➔ 아지트 ➔ 스카이 36 ➔ 숙소

공항 도착

숙소 체크인

참 조각 박물관

도보
3분

용 다리

도보 15분

린응사

택시
15분

콩 카페

도보
2분

한 시장

도보
4분

다낭 대성당

택시 20분

냐항 랑응에

도보
8분

아지트

도보
5분

스카이 36

숙소

DAY 2

조식 ➔ 바나힐 ➔ 브래서리(바나힐 내식당) ➔ 숙소 휴식 ➔ 꽌 반쎄오 바드엉 ➔ 숙소

바나힐

케이블카
17분

브래서리

택시
45분

숙소 휴식

도보
6분

꽌 반쎄오 바드엉

숙소

DAY 3 조식 ➡ 오행산 ➡ 분짜까 109 ➡ 카페 라퓨 ➡ 라벤더 스파 ➡ 베만 ➡ 롯데마트 ➡ 숙소

조식

오행산

택시 20분

분짜까 109

도보 15분

카페 라퓨

도보 10분

숙소

롯데마트

택시 15분

베만

택시 12분

라벤더 스파

 DAY 4 조식 후 체크아웃 ➡ 호이안 올드 타운 ➡ 라이스 드럼 ➡ 탐탐 카페 ➡ 호이안 야시장 ➡ 다낭 공항

조식 후 체크아웃

택시 35분

호이안 올드 타운

도보 5분

라이스 드럼

도보 2분

다낭 공항

택시 50분

호이안 야시장

도보 5분

탐탐 카페

DAY 5 한국 도착

오후 출발 추천 코스

한국에서 오후 또는 저녁에 출발하는 비행편은 다시 한국으로 돌아올 때의 스케줄이 이른 아침 또는 새벽 도착편이 대부분이다. 그렇기 때문에 현지에서 보낼 수 있는 일정이 많지 않은 점을 감안할 수밖에 없다. 무리해서 짧은 시간에 많은 일정을 소화할 경우 자칫하면 여행을 망칠 수 있으니 여유를 가지고 계획하는 편이 좋다. 덥고 습한 날씨에는 오전 일정을 마치고 잠시 숙소에 돌아와 쉬었다가 다시 나가는 일정을 짜도 나쁘지 않다.

오후 출발 3박 5일 추천 코스

DAY 1	다낭 도착 ➜ 숙소 체크인
DAY 2	조식 ➜ 오행산 ➜ 하노이 쓰아 ➜ 아지트 ➜ 린응사 ➜ 버거 브로스 ➜ 미케 비치 ➜ 아시아 파크 ➜ 롯데마트 ➜ 숙소
DAY 3	바나힐(반일/일일 투어) ➜ 브래서리 ➜ 숙소 휴식 ➜ 베만 ➜ 알라카르트 호텔 마사지 ➜ 더 톱 바 ➜ 숙소
DAY 4	숙소 휴식 후 체크아웃 ➜ 호이안 올드 타운 ➜ 코코 박스 ➜ 팔마로사 ➜ 느 이터리 ➜ 다낭 공항
DAY 5	한국 도착

DAY 1 공항 도착 ➜ 숙소 체크인

공항 도착　　　숙소 체크인

DAY 2 오행산 ➜ 하노이 쓰아 ➜ 아지트 ➜ 린응사 ➜ 버거 브로스 ➜ 미케 비치 ➜ 아시아 파크 ➜ 롯데마트 ➜ 숙소

택시
22분

도보
5분

오행산　　　　　하노이 쓰아　　　　　아지트

20분

린응사

택시
18분

버거 브로스

도보
5분

미케 비치

숙소

롯데마트

도보
10분

택시
10분

아시아 파크

DAY 3 바나힐(반일/일일 투어) ▶ 브래서리(바나힐 내식당) ▶ 숙소 휴식 ▶ 베만(미케 비치 앞) ▶ 알라카르트 호텔마사지 ▶ 더 톱바 ▶ 숙소

바나힐

케이블카
17분

브래서리

택시
60분

숙소 휴식

숙소

더 톱바

도보
6분

알라카르트 호텔
마사지

도보
6분

도보 6분

베만

 DAY 4 숙소 휴식 후 체크아웃 ➡ 호이안 올드 타운 ➡ 코코 박스 ➡ 팔마로사 ➡ 느 이터리
➡ 다낭 공항

숙소 휴식 후
체크아웃

호이안 올드 타운

도보
10분

코코 박스

도보
5분

다낭 공항

택시
50분

느 이터리

도보
10분

팔마로사

 **DAY 5** 한국 도착

오후 출발 4박 이상 추천 코스

DAY 1 다낭 도착 → 숙소 체크인

DAY 2 조식 및 휴식 → 통피 바비큐 → 노아 스파 → 루나 펍 → 숙소

DAY 3 바나힐 → 브래서리(바나힐 내 식당) → 린응사 → 다낭 대성당, 한 시장 → 베만(미케 비치 앞) → 숙소

DAY 4 오행산 → 체크아웃 → 호이안 숙소 체크인 → 안방 비치 → 팔마로사 → 오리비 → 숙소

DAY 5 호이안 시장 → 호이안 올드 타운(관광) → 닥산 호이안 → 팔마로사 → 베일웰 → 화이트 마블 레스토랑 앤 와인바 → 숙소

DAY 6 투본강 투어 → 호이안 올드 타운 → 람비엔 → 롯데마트 → 아시아 파크 → 다낭 공항 → 한국

DAY 1 공항 도착 → 숙소 체크인

공항 도착   숙소 체크인

DAY 2 조식 및 휴식 → 통피 바비큐 → 노아 스파 → 루나 펍 → 숙소

 도보 6분 택시 10분 택시 8분

조식 및 휴식   통피 바비큐   노아 스파   루나 펍   숙소

DAY 3 　바나힐 ➔ 브래서리(바나힐 내식당) ➔ 린응사 ➔ 다낭 대성당, 한 시장 ➔ 베만(미케 비치 앞) ➔ 숙소

바나힐 　케이블카 17분 　브래서리 　택시 50분 　린응사

택시 20분

숙소 　베만 　택시 10분 　다낭 대성당, 한 시장

DAY 4 　오행산 ➔ 체크아웃 ➔ 호이안 숙소 체크인 ➔ 안방 비치 ➔ 팔마로사 ➔ 오리비 ➔ 숙소

오행산 　도보 10분 　체크아웃 　택시 30분 　호이안 숙소 체크인

택시 20분

숙소 　오리비 　도보 10분 　팔마로사 　택시 20분 　안방 비치

50

DAY 5　호이안 시장 ➡ 호이안 올드 타운(관광) ➡ 닥산 호이안 ➡ 팔마로사 ➡ 베일웰 ➡
화이트 마블 레스토랑 앤 와인 바 ➡ 숙소

도보
6분

호이안 시장

도보
2분

호이안 올드 타운
(도보 관광)

도보
9분

닥산 호이안

팔마로사

도보 8분

숙소

도보
5분

화이트 마블 레스토랑
앤 와인 바

베일웰

 DAY 6　투본강 투어 ➡ 호이안 올드 타운 ➡ 람비엔 ➡ 롯데마트 ➡ 아시아 파크 ➡ 다낭
공항 ➡ 한국도착

나룻배
60분

투본강 투어

택시
40분

호이안 올드 타운

람비엔

택시 10분

한국 도착

택시
15분

다낭 공항

도보
6분

아시아 파크

롯데마트

Best Course 2

콘셉트별
여행 베스트 코스

자유 여행 시 혼자 가는 여행은 시간과 동선을 효율적으로 사용할 수 있도록 중심부에 위치한 숙소 위주로, 친구와의 여행은 관광과 휴양이 적절히 섞여 있는 숙소를 선택해 여행을 디자인하는 것이 좋다. 커플 여행은 둘만의 오붓한 시간을 위한 리조트(준특급 호텔 또는 풀 빌라) 선택을 추천하며, 가족과의 여행은 주방 시설이 갖춰져 있는 레지던스 객실이나 여럿이서 함께 숙박할 수 있는 2베드 또는 3베드 빌라 타입의 숙소를 추천한다. 전체적인 일정은 더운 날씨에 무리하지 않도록 여유롭게 계획을 짜는 편이 좋다.

©Aosh

나 혼자 간다 추천 코스

호이안 지역을 중점으로 올드 타운 내 조용한 카페나 골목 사이에 위치한 아담한 식당을 이용해 보는 것을 위주로 이동편을 짠 코스다.

다낭 1박+호이안 2박

DAY 1
(오전 출발) 다낭 도착 ➡ 숙소 체크인 ➡ 미꽝 1A ➡ 다낭 대성당, 한강(야경) ➡ 롯데마트 ➡ 숙소

DAY 2
숙소 휴식 후 체크아웃 ➡ 하노이 쓰아 ➡ 호이안 숙소 체크인 ➡ 호이안 올드 타운(자전거 관광) ➡ 느이터리 ➡ 호이안 야시장 ➡ 숙소

DAY 3
조식 후 체크아웃 ➡ 호이안 올드 타운(관광) ➡ 리칭 아웃 티하우스 ➡ 팔마로사 ➡ 마사지 ➡ 라이스드럼 ➡ 다낭 공항

DAY 4
한국 도착

DAY 1
공항 도착 ➡ 숙소 체크인 ➡ 미꽝 1A ➡ 다낭 대성당, 한강(야경) ➡ 롯데마트 ➡ 숙소

공항 도착

숙소 체크인

미꽝 1A

도보
13분

숙소

택시
10분

롯데마트

택시
10분

다낭 대성당, 한강(야경)

DAY 2 숙소 휴식 후 체크아웃 ➡ 하노이 쓰아 ➡ 호이안 숙소 체크인 ➡ 호이안 올드 타운
(자전거 관광) ➡ 느 이터리 ➡ 호이안 야시장 ➡ 숙소

숙소 휴식 후
체크아웃

하노이 쓰아

호이안 숙소
체크인

호이안 올드 타운

자전거 3분

숙소

자전거
7분

호이안 야시장

자전거
5분

느 이터리

DAY 3 조식 후 체크아웃 ➡ 호이안 올드 타운(관광) ➡ 리칭 아웃 티하우스 ➡ 팔마로사
➡ 라이스드럼 ➡ 다낭 공항

조식 후
체크아웃

호이안 올드 타운(내원교,
광조 회관, 호이안 시장)

도보
5분

리칭 아웃 티하우스

도보
15분

팔마로사

도보 8분

다낭 공항

택시
50분

라이스 드럼

DAY 4 한국 도착

친구와 간다 추천 코스

친구와 함께 호이안을 중심으로 식도락과 볼거리 및 쇼핑 위주의 코스다.

호이안 2박+다낭 1박

DAY 1 다낭 도착 ➜ 숙소 체크인

DAY 2 조식 ➜ 호이안 올드 타운 ➜ 반미 프엉 ➜ 내원교, 풍흥 고가 ➜ 베일웰 ➜ 투본강 크루즈 ➜ 미쓰리 ➜ 숙소

DAY 3 조식 후 체크아웃 ➜ 끄어다이 해변, 안방 비치 ➜ 소울 키친 ➜ 다낭 숙소 체크인 ➜ 다낭 대성당, 한 시장 ➜ 베만 ➜ 한강(야경) ➜ 숙소

DAY 4 숙소 휴식 후 체크아웃 ➜ 바나힐(일일 투어) ➜ 퉁피 바비큐 ➜ 롯데마트 ➜ 다낭 공항

DAY 5 한국 도착

DAY 1 공항 도착 ➜ 숙소 체크인

공항 도착   숙소 체크인

DAY 2 조식 ➜ 호이안 올드 타운 ➜ 반미 프엉 ➜ 내원교, 풍흥 고가 ➜ 베일웰 ➜ 투본강 크루즈 ➜ 미쓰리 ➜ 숙소

조식

도보
5분

호이안 올드 타운

도보
8분

반미 프엉

도보
10분

내원교, 풍흥 고가

55

도보
4분

베일웰

도보
10분

투본강 크루즈

도보
6분

미쓰리

도보
8분

숙소

DAY 3

조식 후 체크아웃 → 꼬어다이 해변, 안방 비치 → 소울 키친 → 다낭 숙소 체크인
→ 다낭 대성당, 한 시장 → 베만 → 한강(야경) → 숙소

조식 후 체크아웃

택시
20분

꼬어다이 해변,
안방 비치

도보
3분

소울 키친

다낭 숙소
체크인

숙소

도보
7분

한강(야경)

택시
10분

베만

택시
10분

다낭 대성당, 한 시장

DAY 4 숙소 휴식 후 체크아웃 ≫ 바나힐(일일 투어) ≫ 통피 바비큐 ≫ 롯데마트 ≫ 다낭 공항

숙소 휴식 후
체크아웃

바나힐

픽업 차량
40분

통피 바비큐

다낭 공항

택시 10분

택시 10분

롯데마트

DAY 5 한국 도착

커플이 간다 추천 코스

숙박 시 리조트 내 마사지 무료 제공 또는 저렴한 프로모션 금액으로 제공되는 리조트나 풀 빌라를 추천하며, 이틀은 관광 집중, 이틀은 휴양 집중으로 반반 섞은 코스다.

다낭 3박+레이트 체크아웃

DAY 1
다낭 도착 ➡ 숙소 체크인 ➡ 다낭 대성당, 한 시장 ➡ 콩 카페 ➡ 아시아 파크 ➡ 롯데마트 ➡ 퉁피 바비큐 ➡ 숙소

DAY 2
숙소 휴식 ➡ 호텔 마사지(투숙 호텔) ➡ 안방 비치 ➡ 소울 키친 ➡ 숙소 휴식(수영) ➡ 꽌반쎄오 바드엉 ➡ 콩 카페 ➡ 숙소

DAY 3
바나힐 ➡ 브래서리 ➡ 리칭 아웃 티하우스 ➡ 호이안 올드 타운(관광) ➡ 느 이터리 ➡ 호이안 야시장 ➡ 숙소

DAY 4
(투숙 호텔)커플 요가 ➡ 수영 ➡ 호텔 마사지(2시간) ➡ 하노이 쓰아 ➡ 한강(야경) ➡ 바빌론 스테이스가든 ➡ 레이트 체크아웃 ➡ 다낭 공항

DAY 5
한국 도착

DAY 1
숙소 체크인 ➡ 다낭 대성당, 한 시장 ➡ 콩 카페 ➡ 아시아 파크 ➡ 롯데마트 ➡ 퉁피 바비큐 ➡ 숙소

숙소 체크인

다낭 대성당, 한 시장

도보 2분

콩 카페

택시 15분

숙소

퉁피 바비큐

택시 10분

롯데마트

도보 3분

아시아 파크
(자유 이용권 추천)

DAY 2 숙소 휴식 ▶ 호텔 마사지 ▶ 안방 비치 ▶ 소울 키친 ▶ 숙소 휴식(수영) ▶ 꽌 반쎄 오 바드엉 ▶ 콩 카페 ▶ 숙소

숙소 휴식

호텔 마사지
투숙객에게 보통 15% 할인하는 경우가 많다.

택시 35분

안방 비치

도보 5분

소울 키친

택시 35분

숙소

콩 카페

택시 6분

꽌반쎄오 바드엉

택시 15분

숙소 휴식(수영)

DAY 3 바나힐 ▶ 브래서리 ▶ 리칭 아웃 티하우스 ▶ 호이안 올드 타운(관광) ▶ 느 이터리 ▶ 호이안 야시장 ▶ 숙소

바나힐

도보 3분

브래서리

택시 45분

리칭 아웃 티하우스

도보 2분

호이안 올드 타운
(시클로 추천)

도보 5분

숙소

호이안 야시장

도보 5분

느 이터리

DAY 4

커플 요가 ➡ 수영 ➡ 호텔 마사지(2시간) ➡ 하노이 쓰아 ➡ 한강(야경) ➡ 바빌론 스테이크 가든 ➡ 레이트 체크아웃 ➡ 다낭 공항

커플요가

수영

호텔 마사지

택시 10분

하노이 쓰아

택시 10분

다낭 공항

레이트 체크아웃

바빌론 스테이크 가든

도보 10분

한강(야경)

DAY 5

한국 도착

가족이 간다 추천 코스

성인 기준 최소 5명 이상이 함께 여행할 경우 3베드 또는 4베드 객실 타입의 빌라가 경제적이며, 아이와 함께하는 가족이라면 주방 시설이 갖춰진 레지던스형 숙소가 좋다. 여럿이서 이동해야 하기 때문에 숙소를 옮기는 것보다 한 곳에서 숙박하는 편을 추천하며, 아이가 있는 경우 추가 요금이 발생되더라도 여유롭게 레이트 체크아웃을 하는 편이 낫다.

다낭 3박+호이안 0.5박

DAY 1 다낭 도착 ➡ 숙소 체크인

DAY 2 숙소 휴식(수영) ➡ 람비엔 ➡ 참 조각 박물관 ➡ 롯데마트 ➡ 베만 ➡ 숙소

DAY 3 바나힐 ➡ 브래서리 ➡ 숙소 휴식 ➡ 분짜까 109 ➡ 콩 카페 ➡ 링은사 ➡ 버거 브로스 ➡ 미케 비치 ➡ 숙소

DAY 4 오행산 ➡ 다낭 숙소 체크아웃 ➡ 호이안 숙소 체크인 ➡ 오리비 ➡ 호이안 올드 타운(관광) ➡ 미쓰리 ➡ 체크아웃 후 다낭 공항

DAY 5 한국 도착

DAY 1   공항 도착 ➡ 숙소 체크인

공항 도착   숙소 체크인

DAY 2 숙소 휴식(수영) ➡ 람비엔 ➡ 참 조각 박물관 ➡ 롯데마트 ➡ 베만 ➡ 숙소

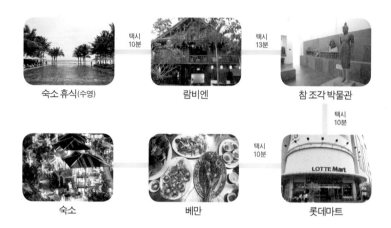

숙소 휴식(수영)

택시 10분

람비엔

택시 13분

참 조각 박물관

택시 10분

숙소

베만

택시 10분

롯데마트

 DAY 3 바나힐 ➡ 브래서리 ➡ 숙소 휴식 ➡ 분짜까 109 ➡ 콩 카페 ➡ 링은사 ➡ 버거 브로스 ➡ 미케비치 ➡ 숙소

바나힐

도보 3분

브래서리

숙소 휴식

분짜까 109

미케비치

도보 5분

버거 브로스

택시 18분

링은사

택시 20분

콩 카페

도보 12분

DAY 4 오행산 ➔ 다낭 숙소 체크아웃 ➔ 호이안 숙소 체크인 ➔ 오리비 ➔ 호이안 올드 타운(관광) ➔ 미쓰리 ➔ 체크아웃 후 다낭 공항

오행산

택시
30분

다낭 숙소
체크아웃

호이안 숙소
체크인

오리비

시클로 20분

공항 도착

체크아웃

미쓰리

도보
8분

호이안 올드 타운
(시클로 추천)

DAY 5 한국 도착

작가편
여행 베스트 코스

짧은 일정에도 숙소 옮기는 것을 대수롭지 않게 생각하는 사람이 있는가 하면, 옮기는 것을 극히 꺼려 하는 사람도 있다. 무엇이 맞다고 단정 지을 수는 없지만, 분명한 것은 다낭과 호이안 이 두 지역이 그만큼 매력 넘치는 여행지라는 것이다. 특히 감성 넘치는 여자들이라면 아기자기하고 아름다움이 넘치는 호이안에서의 당일치기 여행은 그저 아쉬움이 남을 수 있으니 자신이 추구하는 여행 스타일이나 성향에 따라 계획을 세우는 것이 가장 중요하다.

©Phuong D. Nguy

이보람 작가가 추천하는 자유 여행 코스

'먹고, 즐기는 게 남는 것!' 저녁 출발 일정으로 주말을 포함해 휴가를 단 2일만 내더라도 베트남에서 알찬 4박 5일 코스로 지낼 수 있다. 호이안과 다낭을 적절히 섞어 관광과 휴양을 함께해 보자.

호이안 2박 호텔+다낭 2박 리조트

DAY 1	다낭 도착 ➜ 호이안 이동 ➜ 숙소 체크인
DAY 2	조식 ➜ 안방 비치 ➜ 소울 키친 ➜ 호이안 올드 타운 ➜ 베일웰 ➜ 호이안 야시장 ➜ 화이트 마블 레스토랑 앤 와인 바 ➜ 숙소
DAY 3	조식 후 체크아웃 ➜ 리칭 아웃 티하우스 ➜ 퍼 쓰아 ➜ 판다누스 스파 ➜ 다낭 숙소 체크인 ➜ 베만 ➜ 워터프런트 ➜ 숙소
DAY 4	숙소 휴식 ➜ 하노이 쓰아 ➜ 바나힐(반일 투어) ➜ 분짜까 109 ➜ 콩 카페 ➜ 롯데마트 ➜ 뷰 스파 ➜ 숙소
DAY 5	숙소 휴식 후 체크아웃 ➜ 다낭 공항 ➜ 한국 도착

DAY 1　공항 도착 ➜ 호이안 이동 ➜ 숙소 체크인

공항 도착

택시 50분

호이안 이동

숙소 체크인

DAY 2　조식 ➜ 안방 비치 ➜ 소울 키친 ➜ 호이안 올드 타운 ➜ 베일웰 ➜ 호이안 야시장 ➜ 화이트 마블 레스토랑 앤 와인 바 ➜ 숙소

안방 비치

도보 3분

소울 키친

택시 15분

호이안 올드 타운

도보 10분

화이트 마블 레스토랑 앤 와인 바

도보 5분

호이안 야시장

도보 10분

베일웰

DAY 3 조식 후 체크아웃 ➡ 리칭 아웃 티하우스 ➡ 퍼 쓰아 ➡ 판다누스 스파 ➡ 다낭 숙소 체크인 ➡ 베만 ➡ 워터프런트 ➡ 숙소

조식 후
체크아웃

리칭 아웃 티하우스

도보
10분

퍼 쓰아

도보
20분

워터프런트

택시
10분

베만

다낭 숙소
체크인

택시
30분

판다누스 스파

DAY 4 숙소 휴식 ➡ 하노이 쓰아 ➡ 바나힐(반일 투어) ➡ 분짜까 109 ➡ 콩 카페 ➡ 롯데 마트 ➡ 뷰 스파 ➡ 숙소

하노이 쓰아

픽업 차량
40분

바나힐

픽업 차량
40분

분짜까 109

도보
10분

콩 카페

택시
15분

숙소

뷰 스파

택시
7분

롯데마트

DAY 5 숙소 휴식 후 체크아웃 ➡ 다낭 공항 ➡ 한국 도착

배은희 작가가 추천하는 자유 여행 코스

'오로지 나에게 주는 휴식과 알찬 관광' 숙소에서 여유롭게 보내는 시간을 중점으로 마지막 날 호이안 관광도 알차게 둘러볼 수 있다는 게 장점인 계획한 코스다.

다낭 3박 리조트+호이안 1박 올드 타운 호텔

DAY 1	다낭 도착 ➔ 숙소 체크인
DAY 2	조식 ➔ 오행산 ➔ 하노이 쓰아 ➔ 콩 카페 ➔ 라벤더 스파 ➔ 숙소 휴식(수영) ➔ 통피 바비큐 ➔ 숙소
DAY 3	조식 ➔ 호텔 마사지(투숙 호텔) ➔ 안방 비치 ➔ 소울 키친 ➔ 포유 ➔ 더 톱 바 ➔ 롯데마트 ➔ 숙소 휴식, 루나 펍
DAY 4	조식 후 체크아웃 ➔ 호이안 숙소 체크인 ➔ 호이안 올드 타운 ➔ 미쓰리 ➔ 리칭 아웃 티하우스 ➔ 호이안 야시장 ➔ 느 이터리 ➔ 투본강(야경) ➔ 반미 프엉 ➔ 숙소
DAY 5	조식 후 체크아웃 ➔ 호이안 올드 타운(자전거 투어) ➔ 판다누스 스파 ➔ 다낭 공항 ➔ 한국 도착(다음날 새벽)

 DAY 1 공항 도착 ➔ 숙소 체크인

공항 도착　　숙소 체크인

DAY 2

조식 ➜ 오행산 ➜ 하노이 쓰아 ➜ 콩 카페 ➜ 뷰 스파 ➜ 숙소 휴식(수영) ➜ 퉁피 바비큐 ➜ 숙소

조식

오행산

택시
20분

하노이 쓰아

도보
15분

퉁피 바비큐

택시
10분

숙소 휴식(수영)

택시
7분

뷰 스파

택시
6분

콩 카페

DAY 3

조식 ➜ 호텔 마사지(투숙 호텔) ➜ 안방 비치 ➜ 소울 키친 ➜ 베만 ➜ 더 톱 바 ➜ 롯데마트 ➜ 숙소 휴식, 루나 펍

조식

호텔마사지

택시
35분

안방 비치

도보
5분

소울 키친

택시
36분

숙소 휴식, 루나 펍

택시
10분

롯데마트

택시
10분

더 톱 바

택시
10분

베만

DAY 4

조식 후 체크아웃 ➡ 호이안 숙소 체크인 ➡ 호이안 올드타운 ➡ 미쓰리 ➡ 리칭 아웃 티하우스 ➡ 호이안 야시장 ➡ 느 이터리 ➡ 투본강(야경) ➡ 반미 프엉 ➡ 숙소

택시 30분

조식 후 체크아웃

호이안 숙소 체크인

호이안 올드 타운

도보 5분

미쓰리

도보 6분

느 이터리

도보 10분

호이안 야시장

도보 5분

리칭 아웃 티하우스

도보 5분

투본강(야경)

도보 12분

반미 프엉

도보 10분

숙소

DAY 5

조식 후 체크아웃 ➡ 호이안 올드 타운(자전거 투어) ➡ 판다누스 스파 ➡ 다낭 공항 ➡ 한국 도착(다음 날 새벽)

호이안 올드 타운
(자전거 투어)

자전거 15분

판다누스 스파

체크아웃 후 다낭 공항

택시 50분

한국 도착

Da Nang
Hoi An · Hue

Area

다낭
호이안
후에

중국

라오스

태국

캄보디아

후에

다낭

호이안

베트남

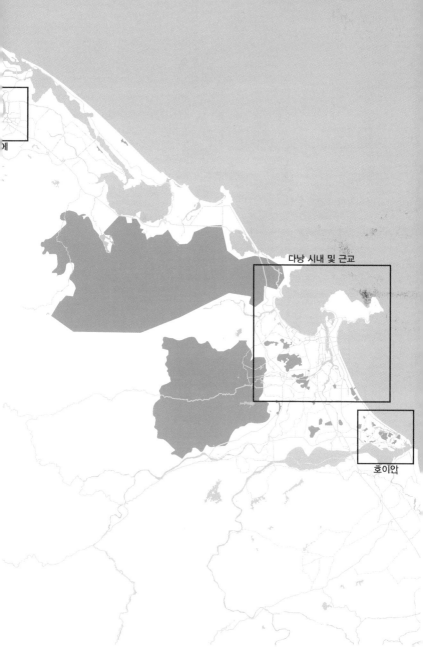

에

다낭 시내 및 근교

호이안

VIETNAM

다낭
Da Nang

한강이 유유히 흐르며 낭만을 느끼게 하는 곳
'큰 강의 입구'라는 뜻을 가진 도시. 다낭은 베트남 최고의 휴양
도시로 각광받고 있다. 다낭은 '투란Tourane'으로 불리며 바다
의 실크로드가 지나던 호이안 지역을 대신해 상업 중심지로 발
전했다. 우리나라 도심을 따라 흐르는 한강처럼 다낭 또한 도
심을 흐르는 한강이 있어 여유와 낭만을 느낄 수 있다. 도둑과
마약 그리고 성매매가 없는 도시로 만들겠다는 정부의 의지
때문인지 베트남의 다른 지역보다도 평화롭고 차분한 분위
기를 만끽할 수 있다.

도보 여행 TIP

- 다낭 대성당은 다낭 여행을 하는 동안 언제 어디서든 만나게 되는 하나의 랜드마크 역할을 하는 곳이다. 규모가 작고, 특별한 건 없지만 도보 여행 시 우리들의 방향을 잡을 수 있도록 안내판 역할을 해 주고 있는 셈이다. 하루에도 몇 번씩 대성당 앞을 지나가는 거라면 이왕 지나간 김에 안찍으면 섭하다는 인생 샷을 남겨 보자.
- 맛있고 장사가 잘 되는 현지 맛집은 허름하고 협소하지만 재료가 금방 동이 나면 조기 마감하는 경우가 많다. 맛있는 음식을 맛보기 위해서라면 아침 일찍 일어나 부지런을 떨어 보자.
- 해가 중천에 떠 있기 전 관광지를 둘러본 후 햇빛이 강한 낮에는 마사지로 피로를 풀거나 햇빛을 피해 카페에서 잠깐의 휴식을 취해 보자.
- 다낭 시내 야경을 보는 것도 추천하지만 한산한 다낭 시내의 낮 전경도 여유롭고 추천할 만하다. 알라카르트 호텔의 더 톱 바와 브릴리언트 호텔의 루프톱 바를 추천한다.

다낭 전체

다낭 베이
Da Nang Bay

파파 컨테이너 커피
Papa Container Coffee

다낭 대성당
Da Nang Cathedral

파파야 스파
PAPAYA Spa

삼디 호텔
Samdi Hotel

참 조각 박물관
Museum of Cham
Sculpture

용 다리
Dragon Bridge

다낭 국제공항
Danang International Airport

한강
Han River

그랜드 머큐어 호텔
Grand Murcure Hotel

민 툰안 갤럭시 호텔
Minh Toan Galaxy Hotel

바나힐
Ba Na Hills

아시아 파크
Asia Park

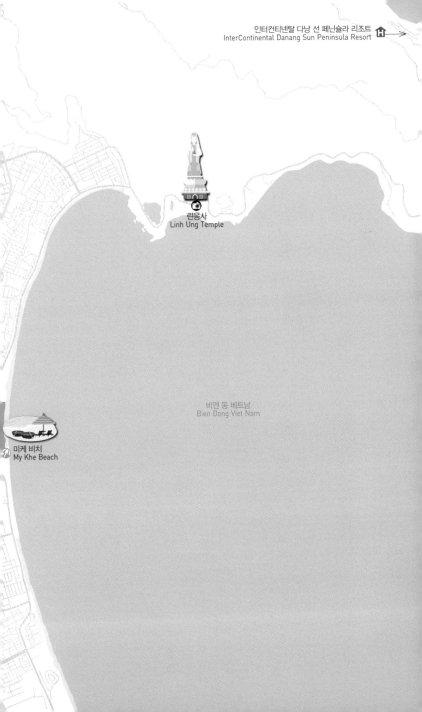

인터컨티넨탈 다낭 선 페닌슐라 리조트
InterContinental Danang Sun Peninsula Resort

린응사
Linh Ung Temple

비엔 동 베트남
Bien Dong Viet Nam

미케 비치
My Khe Beach

한강
Han River

마담란
Madame Lan

루나 펍 Luna Pub

버거 브로스 2호점
Burger Bros

아지트
Azit

루남 비스트로
Runam Bistro

퍼 푸자 하노이
Pho Phu Gia Ha Noi

퍼홍
Pho Hong

다낭 수버니어 앤 카페
Danang Souvenirs & Cafe

노보텔 다낭 프리미어 한 리버
Novotel Danang Premier Han River

머캣
Merkat

하노이 쓰아
Hanoi Xua

포박 63
Pho Bac 63

스카이 36
Sky 36

나항 랑응에
Nha Hang Lang Nghe

분짜까 109
Bun Cha Ca 109

로 밤비노
Le Bambino

골든 파인 펍
Golden Pine Pub

메모리 라운지
Memory Lounge

까오다이교 사원
Cao Dai Temple

미꽝 1A
Mi Quang 1A

닥산보
Dac San Bo

하이랜드 커피
Highlands Coffee

제주항공 다낭 라운지
JEJUair Da Nang Lounge

콩 카페 Cong Café

한 시장 Han Market

뷰 스파
VIEW SPA

꼰 시장
Con Market

다낭 대성당
Da Nang Cathedral

사트야 호텔 Satya Hotel

워터프런트 Waterfront

피루 1
Phi Lu

브릴리언트 호텔 Brilliant Hotel

불러바드 젤라토 앤 커피
Boulevard Gelato & Coffee

꽌 후에 응온
Quan Hue Ngon

커피 나무나무
COFFEE NAMUNAMU

낌도 레스토랑
Kim Do Restaurant

뱀부 2 바
Bamboo 2 Bar

오렌지 호텔 다낭
Orange Hotel Danang

문라이트 다낭 호텔
Danang Moonlight Hotel

피자 4P's
Pizza 4P's

카페 라퓨
Cafe Rafew

파파 컨테이너 커피
Papa Container Coffee

반다 호텔
Vanda Hotel

미티사 호텔
Mitisa Hotel

파파야 스파
Papaya Spa

참 조각 박물관
Museum of Cham Sculpture

용 다리
Dragon Bridge

삼디 호텔
Samdi Hotel

꽌 반쎄오 바드엉
Quan Banh Xeo Ba Duong

한강
Han River

빌라 카페
Villa Cafe

라벤더 스파
Lavender Spa

민 토안 갤럭시 호텔
Minh Toan Galaxy Hotel

더 스시 바
The Sushi Bar

카페 니아
Cafe Nia

그랜드 머큐어 호텔
Grand Murcure Hotel

아시아 파크
Asia Park

롯데마트
Lotte Mart

다낭 BEST COURSE

다낭 하루 코스

다낭에서만 오롯이 하루를 즐기고 싶은 일정으로, 다낭 시내에 현지 로컬 식당도 가 보고 여유롭게 즐기는 코스다.

 도보 1분 도보 12분 도보 4분 ⋯▶ 도보 2분 ⋯▶ 도보 13분 ⋯▶

참 조각 박물관　　　용 다리　　　다낭 대성당　　　한 시장　　　콩 카페

분짜까 109

도보 5분 ⋯▶

아지트

 ←⋯ 택시 15분 　←⋯ 도보 4분 　←⋯ 도보 5분 　←⋯ 택시 17분 　←⋯ 택시 25분 　←⋯ 택시 17분

아시아　　　더 톱 바　　　베만　　　미케 비치　　　오행산　　　린응사
파크

다낭+바나힐 코스

이동과 관람이 최소 5~6시간이 걸리는 바나힐을 먼저 관광한 후 다낭 시내를 둘러보는 코스다.

 택시 40분 ⋯▶ 케이블카 17분 ⋯▶ 도보 3분 ⋯▶ 택시 50분 ⋯▶ 택시 17분 ⋯▶

다낭　　　　　바나힐　　　　　정상　　　바나힐에 있는 식당 중　　린응사
　　　　　　　　　　　　　　　　　마음에 드는 곳에서 점심

Tip 바나힐에 있는 식당은 맛집이라기보다 먹을 만한 식당이 몇 군데 있다. 하지만 금액 대비 만족도가 떨어지는 편이라 큰 기대는 하지 않는 게 좋다. 부지런한 사람들은 바나힐에 들르기 전 도시락을 싸서 가는 경우도 있으니, 반미 샌드위치나 간단히 먹을 것들을 챙겨서 바나힐 곳곳에 있는 쉼터에서 자유롭게 먹어도 된다.

참 조각 박물관

 ←⋯ 도보 5분 　←⋯ 도보 5분 　←⋯ 도보 7분 　←⋯ 도보 4분 　←⋯ 도보 12분

스카이 36　　　아지트　　　워터프런트　　　한 시장　　　다낭 대성당

다낭 시내에 위치한 아담한 핑크 성당

다낭 대성당
Da Nang Cathedral **Nhà Thờ Chính Tòa Đà Nẵng** [냐터 찐 또아 다낭]

주소 156 Trần Phú, Hải Châu 1, Q. Hải Châu, Đà Nẵng **위치** 한 시장에서 쩐푸(Trần Phú) 거리 방향으로 도보 3분, 콩 카페, 뱀부 2 바 주변 **시간** 일요일에만 내부 방문 가능 **요금** 무료 **홈페이지** www.giaoxuchinh toadanang.org

1923년에 프랑스인들을 위해 세워진 성당으로, 첨탑 꼭대기에 있는 닭 모양의 풍향계 때문에 현지인들에게는 '수탉 교회Con Ca Church'라 알려져 있다. 이 수탉은 성경에서 베드로가 수탉이 울기 전 예수를 배신한 것에 대한 회개를 의미한다고 전해지고 있다. 성당 건물은 분홍빛을 띠고 있으며 다양한 성인들을 묘사한 중세 양식의 스테인드글라스가 볼 만하다. 평일에는 내부에 들어갈 수 없으며 미사가 있는 일요일에만 가능하다. 대신 성당 담장 벽에는 다낭 성당의 역사를 그림으로 설명해 두었다. 유럽에 있는 성당들에 비하면 아담하고 특별한 감흥은 없지만 여행 중 다낭 시내 중심에 위치해 있어 쉽게 마주칠 수 있다. 성당 출입구는 우측 뒤편에 있으니 입장 시 참고하자.

다낭을 아름답게 흐르고 있는 중심 강
한강 Han River **Sông Hàn** [쏭 한]

주소 Nguyễn Văn Linh, Phước Ninh, Sơn Trà, Đà Nẵng **위치** 다낭 시내 중심에 있으며, 선짜반도(Sơn Trà)와 시가지로 구분이 되는 자리

다낭 하면 떠오르는 용 다리를 더욱 빛나게 해주는 고요한 강이다. 다낭을 중심으로 남북을 가르며 흐르고 있고, 강을 기준으로 크게 시내와 해안가 방향으로 나뉜다. 강을 잇는 4개의 다리가 있는데, 그중 한강 다리와 용 다리가 대표적이다. 밤이 되면 화려한 조명으로 빛나 다낭의 밤을 더욱 아름답게 해준다. 370m의 한강 다리는 2000년 완공됐으며, 매주 토~일요일 밤 11시가 되면 배가 지나갈 수 있도록 다리의 중심부가 수평으로 회전하며 열리는 모습도 볼 수 있다. 한강 다리는 도시의 경제, 운송, 관광업 등을 발전시켜 줄 뿐만 아니라, 21세기 초 다낭 시민들의 문화 상징이었던 다리다. 이렇게 아름다운 한강변에는 기다랗게 도보 여행자들을 위한 공원도 마련돼 있다. 또한 여행자들이 가장 많이 다녀가는 박당Bạch Đặng 거리는 용 다리와 한강 다리 사이에 위치해 있다. 미케 비치, 남오 비치와는 달리 한강은 잔잔한 물결과 넓은 강폭으로 인해 평화로운 모습을 띄고 있다. 다낭 용 다리쪽에서 한강 다리 방향을 보면 브릴리언트 호텔Brilliant Hotel이 보이고, 한강 너머 용 다리 머리 쪽에 정박해 있는 유람선은 마리나라는 회사에서 만든 선상 복합 상가가 보인다. 다낭 박당 거리 주변에는 관광지와 맛집들이 많이 있으며 참 조각 박물관, 다낭 대성당, 한 시장, 콩 카페 등이 있다.

다낭의 아름다운 야경을 책임지고 있는 다리

용 다리 Dragon Bridge **Cầu Rồng** [꺼우 롱]

주소 Nguyễn Văn Linh, Phước Ninh, Sơn Trà, Đà Nẵng **위치** 참 조각 박물관 앞, 응우옌반린(Nguyễn Văn Linh) 거리와 보반끼엣(Võ Văn Kiệt) 거리 사이

참 조각 박물관 앞에 위치한 용 다리는 '롱교'라고도 불린다. '롱'은 용(龍)을 뜻한다. 토, 일요일 저녁 9시에 용 머리 쪽부터 2분 간격으로 불꽃이 나오고 이후 물을 뿜는다. 화려하지는 않지만 시내 볼거리 중 하나로 꼽힌다. 가까이에서 보길 원한다면 우의를 준비하는 게 좋다. 2013년에 다낭시 독립 38주년을 기

념해 666m 길이로 완공됐으며, 아름다운 다낭의 야경을 눈부시게 해 주는 다리다.

바다와 구름이라는 뜻의 세계 10대 비경
하이번 고개 Deo Hai Van **Hải Vân Pass** [하이반 패스]

주소 Hải Vân Pass, tt. Lăng Cô, Phú Lộc, Thua Thien Hue **위치** 다낭 시내에서 후에 지역으로 가는 방면으로 약 30km 이동

세계 10대 비경 중 하나로, 내셔널지오그래픽 트래블러가 전 세계를 2년 동안 조사해 선정한 '완벽한 여행자가 꼭 가 봐야 할 50 곳' 중 한 곳이기도 하다. 하이번은 바다Hải 와 구름Vân이라는 베트남어로 '해운'이라는 뜻이다. 구불구불한 비탈길을 거슬러 해발 900m를 오르면 짙푸른 해안가를 한눈에 감상할 수 있다. 하이번 고개는 베트남 전쟁 당시 격전지였던 곳으로, 요새의 벽면에는 각종 총탄이나 포탄 자국이 아직 남아 있다. 청명한 날에는 남쪽으로 선짜반도와 다낭 시내, 북쪽으로는 랑꼬 해변도 볼 수 있다. 워낙 아름다운 풍경으로 우리나라의 인기 있

는 자전거 동호회 및 오토바이 여행자들도 자유 여행 코스로 꼭 넣는 명소다. 하이반 고개 주변은 산악 지형으로 가장 높은 곳은 해발 1,172m에 이른다. 가장 높은 곳에 성문 유적지가 있는데 성문 쪽으로 올라가면 작은 사당이 나오고 이곳에서 기도 드릴 수 있다.

우리나라의 동대문과 같은 현지 로컬 시장
한 시장 Han Market **Chợ Hàn** [쪼 한]

주소 119 Trần Phú, Hải Châu 1, Hải Châu, Đà Nẵng **위치** 다낭 대성당에서 강변 방향으로 도보 3분 이내 쩐푸 거리(Trần Phú) **시간** 6:00~19:00 **홈페이지** chohandanang.com **전화** 0236-3821-363

우리나라 동대문시장처럼 여러 가지 상품군을 판매하는 곳이다. 주로 아오자이 한 벌을 맞추러 오는 관광객이 많다. 벌당 VND 600,000~800,000이면 맞출 수 있고 두 벌 이상 구매 시 절충이 가능하다. 아침 일찍 구입 후 저녁에 배달을 받거나 입어 볼 수 있다. 다낭 대성당이 바로 옆에 있어 관광하고 들르기에 적합하다.

한 번도 안 먹은 사람은 있어도, 한 번만 먹은 사람은 없다는 코코넛 커피

콩 카페 Cong Café CỘNG CÀPHÊ [꽁 카페]

주소 ❶ 96-98 Bạch Đằng, Hải Châu, Đà Nẵng **❷** 98-96 Bạch Đằng, Hải Châu 1, Q. Hải Châu, Đà Nẵng(2호점) **위치 ❶** 다낭 대성당에서 도보 6분, 한강 다리 부근 강변 쪽 박당거리(Bạch Đằng) 인근 **❷** 도보 10분 거리에 2호점) **시간** 6:30~23:00, 7:30~23:00(2호점) **가격** VND 45,000(코코넛 밀크 커피/ 약 2,300원) **홈페이지** congcaphe.com **전화** 0911-811-150, 091-602-08-08(2호점)

다낭에서 독보적인 인기몰이를 하고 있는 카페다. 콩 카페에 들어가면 잃어버린 한국 여행자들도 만날 수 있을 정도로 한국인 여행자 밀집 장소다. 복층 구조로 돼 있고 전체적으로 카키색 인테리어가 독특하면서 여행자의 마음을 사로잡는다. 이곳이 유명한 이유는 '한 번도 안 먹은 사람은 있어도, 한 번만 먹은 사람은 없다'는 달콤 시원한 코코넛 커피 때문이다. 코코넛 밀크를 셰이크로 갈아서 커피를 넣은 맛은 그야말로 한국에 콩 카페를 통째로 갖고 오고 싶게 만든다. 시원하면서도 달달한 커피 맛이 시럽을 넣은 맛과

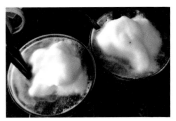

는 또 다른 달콤함을 안겨 준다. 풍부한 코코넛 밀크로 더운 날씨에 당을 보충하기에 충분하다. 단 것을 싫어한다면 커피랑 코코넛 밀크랑 충분히 섞어서 먹는 것을 추천한다.

할인 프로모션이 비치된 곳

제주항공 다낭 라운지 JEJUair Da Nang Lounge [제주 애 다낭 라우]

주소 94 Bạch Đằng, Hải Châu 1, Hải Châu, Đà Nẵng **위치 ❶** 콩 카페 바로 우측 **❷** 다낭 한강 조각 공원과 한 시장 옆 **시간** 9:00~22:30(평일), 13:00~22:30(주말) *점심시간 11:30~13:00 **홈페이지** www.jejuair-danang-lounge.com **전화** 070-5133-5522(카카오톡 플러스친구 @danangjeju1004)

콩 카페에 들르면 한 번쯤 보게 되는 제주항공 다낭 라운지는 마사지, 투어, 객실 예약 등 할인 프로모션이 있으니 잘 확인해 보면 득이 되는 이벤트가 많다.

이름처럼 뷰가 있는 마사지숍
뷰 스파 VIEW SPA [부 스파]

주소 126 Bạch Đằng, Hải Châu, Q. Hải Châu Đà Nẵng **위치** 콩 카페에서 도보 5분 **시간** 10:00~23:00(10:30 부터 마사지 가능, 마지막 마사지 예약 21:30) **요금** VND 418,000(60분 코스/ 약 20,000원), 태교 마사지 VND 506,000(90분 코스/ 약 24,000원), 키즈 마사지 VND 286,000 (60분 코스/약 13,700원) **예약** viewspa 카카오 톡 아이디

다낭 대성당에서 도보 3분, 콩 카페에서 도보 2분, 한시장에서 도보 1분으로 다낭 시내 관광을 다녀오고 가볍게 들르기 좋은 곳이다. 동선을 잡을 때도 안성맞춤이다. 베트남 작원 대부분이 간단한 한국어를 알아듣는 점이 장점이다. 한국인 매니저도 상주하고 있어 편리하게 이용 가능하며, 총 7층 규모로 지어진 건물로, 뷰 스타라는 이름답게 낮보다는 밤에 이용할 때 마사지 후 아름다운 야경을 볼 수 있어 저녁 시간 대의 하루를 마루리하는 코스로 좋다.

베트남의 대표적인 커피 전문점
하이랜드 커피 HIGHLANDS COFFEE [하이랜 코피]

주소 Indochina Riverside Tower, Tầng 1, 74 Bạch Đằng, Hải Châu 1, Hải Châu, Đà Nẵng **위치** 콩 카페를 등지고 왼편 도로를 따라 도보 5분 **시간** 6:00~23:00 **가격** VND 29,000(아이스커피 작은 사이즈/ 약 1,500원), VND 35,000(아이스커피 중간 사이즈/ 약 2,300원) **홈페이지** highlandscoffee.com.vn **전화** 0236-3849-203

베트남의 대표적인 프랜차이즈 커피점으로, 현지인이나 서양 사람이 주로 찾는 커피숍이다. 에어컨이 있고 와이파이가 되고 케이크류와 반미도 판매하는데, 반미 맛이 좋은 편이다. 원두도 다양하게 판매하고 있어 커피를 좋아하는 사람이라면 한 번쯤 들러 볼 것을 권장한다.

TV 프로그램 〈배틀트립〉에서 첫 날 첫 끼로 나온 곳

나항 랑응에 Nha Hang Lang Nghe NHÀ HÀNG Làng Nghệ [나항 랑니]

주소 P. Q., 119 Lê Lợi, Thạch Thang, Hải Châu, Đà Nẵng **위치** ❶ 다낭 대학교에서 도보 5분 ❷ 노보텔 다낭에서 도보 8분 **시간** 6:00~23:00 **가격** VND 70,000(해산물볶음밥/ 약 3,500원), VND 35,000(공심채볶음/ 약 1,800원) **홈페이지** nhahanglangnghe.com **전화** 0121-351-1119

분위기도 좋고 식사도 대체적으로 평가가 좋은 식당이다. 볶음밥과 새우간장찜, 스프링롤이 인기 있다. 메뉴판이 따로 없고 아이패드로 화면을 보면서 주문하는 방식이고, 향신료 걱정 없이 먹을 수 있는 메뉴가 많지만 다시 확인하고 주문하자. 4명이 배부르게 먹어도 한화 기준으로 2만 원 선에서 식사가 가능하고 최근 TV 프로그램 〈배틀트립〉 방영으로 찾는 고객이 늘어나고 있다.

베트남에서 생산된 치즈로 만든 화덕 피자를 맛볼 수 있는 곳

피자 4P's Pizza 4P's [꾸어 몬 삐 삐자]

주소 Q. Hải Châu, 8 Hoàng Văn Thụ, Phước Ninh, Q. Hải Châu, Đà Nẵng **위치** 참 조각 박물관에서 그린 플라자 호텔 방향으로 도보 3분 **시간** 10:00~23:00 **가격** VND 200,000~(약 10,000원~) **홈페이지** pizza4ps.com **전화** 0120-590-4444

피자 전문점으로 세련된 인테리어와 1, 2층의 넓은 장소, 클래식한 피자부터 디저트 피자, 스파게티 등의 메뉴가 있어 요즘 다낭에서 최고의 피자집으로 뜨는 곳이다. 일본인 오너와 교육이 잘된 점원들의 멋진 서비스도 돋보인다.

한강 변 분위기 좋은 이탈리안 레스토랑
워터프런트 WATERFRONT [워터프란]

주소 150 Bạch Đằng, Hải Châu, Đà Nẵng **위치** 다낭 대성당에서 한강 변 쪽으로 한 블록 앞 **시간** 9:00~ 23:00(17:30~18:30 해피 아워 1+1) **가격** VND 110,000(스프링롤/ 약 5,500원), VND 120,000(칵테일/ 약 6,000원), VND 35,000~(맥주/ 약 1,800원~) **홈페이지** waterfrontdanang.com **전화** 0236-384-3373

한강 변에 위치해 있고 서양 사람들이 많아 이국적인 느낌이 물씬 나는 이탈리아식 레스토랑이다. 베트남식 목욕탕 의자와는 다르게 인테리어부터 서양 스타일로 높게 뚫린 천장과 높은 의자가 돋보인다. 메뉴판은 한글로도 준비돼 있고, 식사를 따로 하지 않아도 저녁에 간단히 맥주나 칵테일 한잔 걸치기에 부담 없는 분위기다. 낮이나 밤이나 2층 테라스 좌석은 한강이 내려다보이는 명당으로 늘 만석이다. 대체적으로 음식도 깔끔하고 맛있는 편이며, 매시트포테이토와 어우러지는 스테이크도 많이 찾는다. 밤이 깊어질수

록 자유롭게 음악에 맞춰 몸을 흔들며 서양 사람들도 자연스럽게 어우러지는 곳이다.

한강 변에 맥주, 커피 한잔하기 좋은 곳
메모리 라운지 memory lounge [메모리 라우]

주소 07 Bạch Đằng, Hải Châu 1, Hải Châu, Đà Nẵng **위치** 한당 다리에서 강변에 위치 **시간** 8:00~22:00 **가격** VND 89,000(메모리믹스드 프루트 스페셜/ 약 4,500원) **전화** 0236-3575-899

물 위에 떠 있는 듯한 한강 변에 위치한 카페 & 레스토랑으로, 깨끗하고 분위기 좋은 야경과 함께 맥주 한잔하기 좋은 곳이다. 1층은 커피숍, 2층은 라이브 카페식으로 운영되고 있다.

한강이 내려다보이는 전망 좋은 카페
커피 나무나무 COFFEE NAMUNAMU [코피 나무나무]

주소 180b Bạch Đằng, Hải Châu 1, Q. Hải Châu, Đà Nẵng **위치** 다낭 대성당에서 한강 변 쪽 한 블록 앞 **시간** 6:00~24:00 **가격** VND 32,000~85,000(커피류/ 약 1,600~4,200원), VND 55,000(새우꼬치/ 약 2,750원), VND 95,000~139,000(피자/ 약 4,700~7,000원) **홈페이지** namunamu.vn **전화** 0236-3575-808 / 0901-988-208

1층부터 3층까지 이루어진 한강 변에 위치한 대형 커피숍이다. 2층 테라스에서 바라보는 다낭 한강도 볼만하지만 3층에서 보는 전망이 멋지다. 테라스도 널찍하니 공간도 충분하다. 낮에 더위를 피해 시원한 음료를 마셔도 되지만, 새우꼬치와 함께 맥주를 마시며 한강의 랜드마크인 용 다리 야경을 보는

것도 추천한다. 주말 9시가 되면 3층 테라스에서 용 다리 쇼도 충분히 볼 수 있다.

풀 테이블에서 1+1 해피 아워를!
뱀부 2 바 Bamboo 2 BAR [뱀부 바 하이]

주소 216 Bạch Đằng, Phước Ninh, Hải Châu, Đà Nẵng **위치** 용 다리와 콩 카페 사이 강변에 위치 **시간** 10:00~24:00 **가격** VND 30,000~70,000(맥주·칵테일/ 약 1,500~3,500원) **홈페이지** www.bamboo2bar. com **전화** 0905-544-769

강변 도로에 있는 술집으로, 외국인들과 여행자들에게 잘 알려져 있다. 이곳이 유명한 이유는 음악과 분위기 그리고 빠질 수 없는 맥주 때문이다. 편안한 분위기로 야외 의자에서 맥주 한 잔으로도 현지 풍경을 안주 삼기에 좋다. 2층 풀 테이블Pool Table에서 오후 5~7시에 해피 아워로 이용할 수 있다. 단, 우리가 생각하는 수영장을 생각한다면 금물이다. 'Pool=당구대'가 있는 바bar다. TV로 스포츠 중계를 틀어 놓는 캐주얼한 분위기며 또한 좋아하는 팝을 신청하면 틀어 준다. 맥

주와 칵테일 외에도 볶음밥, 국수, 피자 등 음식도 제공하고 있다.

베트남 현지 중식당으로 규모가 큰 레스토랑
낌도 레스토랑 Kim Do Restaurant Nhà Hàng Kim Đô [냐 항 낌또]

주소 180 Trần Phú, Hải Châu, Đà Nẵng **위치** 다낭 대성당에서 용 다리 방향으로 도보 3분 **시간** 8:00~22:00 **가격** VND 80,000(석화/ 약 4,000원), VND 230,000(시푸드 칠리 요리/ 약 11,500원) **전화** 0236-3821-846

마파두부, 새우튀김이 맛있는 곳으로, 만족도 대비 가격대가 나가는 고급 중식당이다. 단체 관람객이나 패키지 관광객에게 특식으로 제공되는 레스토랑으로 여행 중에 중식이 생각난다면 들러 볼 만하다.

©lulu and isabelle

작지만 세계 최대 규모의 참파 왕국의 유물을 볼 수 있는 박물관

참 조각 박물관
Museum of Cham Sculpture Bảo tàng Điêu khắc Chăm [바오 땅 띠에우 꽉 짬]

주소 22 Tháng 9, Hải Châu, Đà Nẵng **위치** 다낭 대성당에서 도보 12분 거리, 용 다리 바로 앞 **시간** 7:30~10:30(오전), 14:00~17:00(오후) **요금** VND 60,000(1인 입장료/ 약 2,000원), 6세 이하 어린이 무료 **홈페이지** www.chammuseum.danang.vn **전화** 0236-3470-116

미선 유적지를 가 볼 수 없다면 다낭에서 볼 만한 관광지 중 하나는 참 조각 박물관이다. 1915년 7월에 프랑스 동아시아 학회에서 설립한 이곳은 베트남 참파 왕국의 세련되고 아름다운 고대 조각이 전시돼 있다. 수많은 걸작 중 일부는 프랑스에서 가져갔지만 아직도 동아시아 조각의 우수성을 입증하는 작품들이 많이 있다. 역사나 작품에 관심이 많다면 반나절 정도는 볼 수 있을 정도로 작지만 알찬 볼거리가 많다. 영어로 된 오디오 기기도 대여 가능하다. 대부분의 조각은 12세기에서 15세기 사이에 사암으로 만들어진 것이다. 조각의 내용은 대부분 종교적인 상징

물로 제작된 것으로 코끼리가 많이 등장하고 여성의 섬세한 움직임 등이 정교하게 조각돼 있다.

TIP 주요 관람 포인트

❶ 8세기 시바신 조각상: 8세기에 만들어진 것으로, 참촉의 모습을 한 시바신의 모습이며 두꺼운 입술, 큰 귀의 둥근 눈썹이 특징이다.

❷ 석조 장식 띠: 연주자와 무용수를 단단한 돌에 또렷하게 새긴 조각으로, 생동감이 느껴지는 작품이다.

❸ 힌두의 신들: 참파 왕국은 힌두교에서 가장 사랑받는 신 '시바(Shiva)'를 모셨다. 그와 관련된 조각상이 전시돼 있으며, 보통 머리와 팔이 각기 네 개씩이고 오른손에는 삼지창을 들고 있는 모습이다. 풍요와 다산을 상징하는 락쉬미(Lakshmi) 조각상, 시바가 타고 다니는 하얀 소 난디(Nandi) 조각상, 코끼리 얼굴을 한 시바의 아들인 가네샤(Ganesha) 조각상 등이 대표적이다.

꾸준히 좋은 평을 받고 있는 스파 숍

라벤더 스파 Lavender Spa [라벤더 스파]

주소 180 Trưng Nữ Vương, Hải Châu, Đà Nẵng **위치** 참 조각 박물관에서 도보 7분, 쯩느브엉(Trưng Nữ Vương) 로드 위치 **시간** 9:00~20:30 **요금** VND 380,000(오일 전신 마사지/ 약 19,000원), VND 450,000(타이 전신 마사지 60분/ 약 22,500원) **홈페이지** lavenderspadanang.com **전화** 0236-654-3333

한국인이 운영하는 스파를 꺼려 하는 사람이라면 주목해 볼 만한 곳이다. 트립어드바이저에서 늘 상위권에 있는 스파 숍이다. 건물 외부부터 라벤더 색깔을 띠고 있어서 다냥

시내에서 쉽게 찾을 수 있고, 깔끔한 공간에서 프라이빗하게 마사지를 받을 수 있다. 샤워실과 화장실도 룸 안에 갖춰져 있다.

조용한 숲속에서 머무는 기분

카페 니아 Cafe Nia [카페 니아]

주소 3/12 Phan Thành Tài, Hòa Thuận Đông, Hải Châu, Đà Nẵng **위치** 참 조각 박물관에서 하이탕찐(2 Tháng 9) 도보를 따라 도보 10분 **시간** 7:00~22:00 **가격** VND 15,000~ 44,000(약 750~2,200원) **전화** 093-5777-207

마치 숲속에 있는 듯한 느낌을 주는 자연 친화적인 카페다. 이른 아침부터 오픈하기 때문에 오전에 조용한 아침을 깨우기 충분하다. 꽤 큰 야외 수족관과 나무들로 인테리어

돼 있으며, 연못 안에 있는 붕어들도 보기 쏠쏠하다. 무엇보다 조용하고 편안하며, 한국인이 극히 드문 곳이다. 음료부터 간단히 먹을 수 있는 베트남식도 함께 판매하고 있다.

부담 없이 즐길 수 있는 스시 레스토랑

더 스시 바 The Sushi Bar **Nhà Hàng Nhật Sushi Bar** [냐 항 녓 수시 바]

주소 Số 3-A5.6 KCV Bắc Tượng Đài, P.Hòa Cường Bắc, q.Hải Châu, TP.Đà Nẵng **위치** 아시아 파크 선 힐 관람차 근처 **시간** 11:00~22:30 **가격** VND 100,000(덮밥류/ 약 5,000원), VND 200,000~300,000(스시 모둠/ 약 10,000~20,000원), VND 128,000(초밥 세트 9ps/ 약 6,400원) **홈페이지** sushibar-vn.com **전화** 0236-3662-877~9

베트남 음식에 선뜻 모험을 하자니 두렵고 깔끔한 곳에서 부담 없이 한 끼 먹고 싶다면 추천할 수 있는 스시 레스토랑이다. 프랜차이즈 식당이라 맛과 서비스 등 기본 이상은 한다. 1층은 스시 테이블, 2층은 룸으로 갖춰져 있다. 금액도 저렴해 외국인들을 비롯한 베트남 사람들도 자주 찾는 일식 레스토랑이다. 메뉴판은 사진과 일본어, 영어로 잘 설명돼 있다. 저녁 6~8시가 피크 타임이니 피하는 것이 좋다.

다낭의 대표적인 놀이공원

아시아 파크 Asia Park **Công viên Châu Á** [꽁 비엔 쩌우 아]

주소 1 Phan Đăng Lưu, Hòa Cường Bắc, Hải Châu, Đà Nẵng **위치** 다낭 대성당에서 택시 10~12분, 롯데마트 부근 대관람차가 보이는 곳에 위치 **시간** 15:30~22:30(월~금), 9:30~22:30(토~일) **요금** 자유이용권(월~목): VND 200,000(성인/ 약 10,000원), VND 150,000(키 1m~130cm 아동/ 약 7,500원) / 자유이용권(금~일): VND 300,000(성인/ 약 15,000원), VND 200,000(아동/ 약 10,000원) / 기본요금 VND 120,000(성인, 아동 동일/ 약 6,000원), 무료(키 1m 미만 어린이) **홈페이지** danangwonders.sunworld.vn **전화** 0236-3681-666

다낭 야경을 감상할 수 있는 관람차(선 힐)가 있는 곳으로, 다낭의 대표적인 놀이공원이다. 위치는 롯데마트와 가까우며 아시아 파크 뒤편으로는 야시장도 갖춰져 있어 여행의 재미를 더해 준다. 선 힐을 타고 올라가 보면 다낭의 상징인 용 다리부터 시내가 한눈에 보인다. 아시아 파크에는 모노레일, 놀이 기구, 공원, 식당 등이 밀집해 있으며 아직까지는 한적한 모습을 띠고 있어 사진을 찍거나

저녁에 산책을 하기에 적당하다. 현재까지도 확장 공사 중이며 1~2년 후에는 다낭을 대표하는 멋진 테마파크의 모습이 될 거라 예상한다. 아시아 파크의 모습이 갖춰질 때마다 입장료도 오르고 있으니 가기 전에 참고하자. 또한 입장권은 신용 카드 결제가 가능하지만 내부에서는 카드 사용이 불가하다. 현금 지참 필수!

다낭, 호이안 자유 여행의 필수 코스

롯데마트 Lotte Mart [롯데맡]

주소 6 Nại Nam, Hòa Cường Bắc, Hải Châu, Đà Nẵng **위치** 아시아 파크에서 도보 3분, 스포츠 단지 바로 옆 **시간** 8:00~22:00 **홈페이지** lottemart.com.vn **전화** 0236-3611-999

한 건물이 전부 롯데마트로, 1층에는 한국 음식점과 KFC, 안경점 등이 입점해 있고, 4층에는 환전소가 있어 많이 찾는다. 마트는 깔끔하게 잘 정돈돼 있어 한국인 자유 여행객이 귀국 선물이나 맥주, 과일 등을 구입할 때 들르는 필수 코스이기도 하다. 한국 사람들이 주로 사는 품목을 모아 놓은 코너가 있어 시간 절약에 도움이 된다.

마마 Mama Korea Food **Mama Thực phẩm Hàn Quốc** [마마 뜩 펌 한쿡]

주소 Lotte Mart 1F, 6 Nại Nam, Hòa Cường Bắc, Hải Châu, Đà Nẵng **위치** 롯데마트 내 1층 왼편 **시간** 8:00~22:00 **가격** VND 80,000(땡초김밥/ 약 4,000원), VND 100,000(해물라면/ 약 5,000원) **전화** 0905-735-008

롯데마트 1층에 위치한 한국 음식점이다. 짐 보관 서비스도 같이 하고 있어 마지막 날 호텔 체크아웃 후 롯데마트에 들러 쇼핑을 하는 경우에 짐 보관 서비스를 이용하면 편리하다. 김밥, 떡볶이, 쫄면, 닭볶음탕 등이 주 메뉴며, 식당 맞은편에는 베트남 현지 사람들이 즐겨 찾는 하이랜드 커피숍도 있다.

별장에 초대받은 것 같은 기분
빌라 카페 Villa Cafe [빌라 카페]

주소 19 Chu Văn An, Bình Thuận Bình Thuận Đà Nẵng **위치** 참 조각 박물관에서 도보 10분 **시간** 7:30~20:00 **가격** VND 20,000~44,000(약 1,000~2,200원) **전화** 090-665-37-77

편안한 휴식을 취하기에 이상적인 공간이다. 마치 예쁜 별장에 초대받은 기분을 느낄 수 있는 인테리어로 연못과 정원, 아기자기한 화분이 예쁘게 어우러져 있다. 커피를 먹다 다양한 화초들을 바라보면 마음까지 차분해 진다.

현지인이 사랑하는 할머니네 반쎄오
꽌 반쎄오 바드엉
Quan Banh Xeo Ba Duong **QUÁN BÁNH XÈO BÀ DƯỠNG** [꽌 반쎄오 바즈엉]

주소 K280/23 Hoàng Diệu, Phước Ninh, Q. Hải Châu, Đà Nẵng **위치** 참 조각 박물관에서 트라이 플라자 방향으로 도보 14분(골목 안쪽에 있어서 도보 이동보다 택시 이동을 추천) **시간** 12:00~24:00 **가격** VND 50,000(세트/ 약 2,500원), VND 80,000(넴루이 10개 기준/ 약 4,000원) **전화** 0236-3873-168

꽌Quán은 가게, 반쎄오Bánh Xèo는 음식 이름, 바Bà는 할머니, 드엉Dưỡng은 사람 이름이다. 즉, 꽌 반쎄오 바드엉은 '드엉 할머니네 반쎄오 가게'이다. 이름을 걸고 하는 식당인 만큼 진정한 반쎄오를 먹고 싶다면 이곳에서 먹어 봐야 한다. 현지인들이 사랑하는 맛집이라 어리버리한 여행객이라고 해서 신경 쓰는 사람 아무도 없으니 적당히 눈치 보

고 자리에 앉으면 된다. 메뉴는 반쎄오를 기본으로 세트 메뉴가 구분되는데 메뉴에는 사진으로도 나와 있으니 주문 시 참고하면 된다. 반쎄오는 쌀가루 반죽에 각종 채소, 해산물 등을 얹어 반달 모양으로 부친 베트남식 부침개다. 반쎄오로 한 상차림이 준비되고 나면 고기꼬치인 넴루이Nem Lụi 도 가져다 주는데, 넴루이는 계산할 때 먹은 만큼 알아서 계산해 준다. 음식이 나오면 반쎄오를 그저 맛있게 먹기만 하면 되는데, 먹는 방법은 다음과 같다. 첫째, 라이스페이퍼를 손바닥에 올린 후 둘째, 각종 야채를 깔고 셋째, 반쎄오 하나를 얹은 뒤 넷째, 넴루이를 추가해 먹기 좋게 돌돌 말은 뒤 다섯째, 특제 소스에 찍어 먹으면 기존에 우리가 먹었던 반쎄오는 잊게 될 것이다.

공항가기 전 샤워와 사우나까지 한 방에
파파야 스파 PAPAYA Spa [파파야 스파]

주소 310 Nguyễn Văn Linh, Thạc Gián, Thanh Khê, Đà Nẵng **위치** 삼디(Sam Di) 호텔 맞은편 **시간** 12:00~22:30 **요금** VND 350,000+팁 $2(아로마 전신 마사지 60분/ 약 17,500원), VND 300,000+팁 $2(어린이 아로마 마사지 60분/ 약 15,000원), VND 50,000(샤워/ 약 2,500원), VND 100,000(샤워 & 건식 사우나/ 약 5,000원) **홈페이지** www.papayadn.com **전화** 0236-3537-222 / 098-6428-400(한국인)

간판부터 한국어로 '마사지, 사우나'라고 큼지막하게 적혀 있다. 메뉴는 한국어, 일본어, 중국어, 영어로 되어 있고 내부는 여느 마사지 숍과 다르지 않지만 한국 스타일에 맞춰마사지 강도가 다른 스파 숍에 비해 강해서 만족도는 늘 상위권이다. 여행 마지막 날 공항에 돌아가기 전 마사지를 받는다면 개운하게 샤워를 할 수도 있다. 샤워 & 건식 사우나로도 여독을 풀 수 있는 프로그램이 있고, 사우나 및 샤워 시설도 잘 갖춰져 있다. 카카오톡(아이디 : Thuha3210)으로 예약이 가능하다.

미술관을 연상하게 하는 멋진 카페
카페 라퓨 cafe rafew [카페 라퓨]

주소 58 Hoàng Văn Thụ, Hải Châu, Đà Nẵng **위치** 참 조각 박물관 또는 다낭 대성당에서 도보 10분 **시간** 6:30~22:30 **가격** VND 28,000~35,000(약 1,400~1,800원) **홈페이지** rafew.vn **전화** 0236-3562-177

1층과 2층으로 구분돼 있고, 널찍한 쇼파와 테이블에서 조용하고 안락하게 쉴 수 있는 감각적인 카페. 마치 미술관에 온 듯한 작품들이 곳곳에 걸려 있어 작품을 감상하는 재미도 쏠쏠하다. 콩 카페처럼 관광객이 북적이는 카페보다 한적하게 조용히 머물며 커피 한잔 마시고 싶다면 단연 추천한다.

정통 이탈리아 아이스크림 카페

불러바드 젤라토 앤 커피
BOULEVARD GELATO & COFFEE [불르바드 젤라또 바 커피]

주소 Q. Phước Ninh Q. Hải Châu, 77 Trần Quốc Toản, Hải Châu, Đà Nẵng **위치 ❶** 다낭 대성당에서 한 블록 뒤편에 위치, 도보 3분 **❷** 꽌 후에 응온 옆 **시간** 6:00~23:00 **가격** VND 25,000~30,000(약 1,300~1,500원) **홈 페이지** www.facebook.com/TheBoulevardShop **전화** 0968-007-625

시원한 아이스크림이 생각난다면 추천할 만한 정통 이탈리아 아이스크림 가게다. 약 20여 가지의 젤라토와 커피를 판매하고 있으며, 깔끔하고 심플한 실내에서 잠시나마 더위를 식히기에 적당하다. 키보드로 장식된 인테리어가 독특하며, 여행객들은 물론이거니와 현지인들에게도 시원한 쉼터가 되는 곳이다.

현지 스타일의 숯불구이집

꽌 후에 응온 Quan Hue Ngon **Quán HUẾ Ngon** [꽌 후에 응온]

주소 65 Trần Quốc Toản, Hải Châu, Đà Nẵng **위치** 다낭 대성당 근처(후문에서 1분, 정문에서 3분) **시간** 11:00~23:00 **가격** VND 200,000~400,000(약 10,000~20,000원) **전화** 0236-3531-210

현지 스타일의 다낭 숯불구이 음식점으로 베트남에서 흔히 볼 수 있는 앉은뱅이 의자에서 먹는다. 문어, 소고기, 돼지고기, 새우, 오리 혀 등 해산물부터 고기까지 다양한 메뉴를 선택할 수 있고 메뉴판은 사진으로 나와 있어서 쉽게 주문할 수 있다. 메뉴를 주문하면 작은 개인 화로와 고기를 구울 수 있는 판이 따로 나온다. 종류별로 가격대는 한 접시당 VND 39,000~45,000으로 한화로 약 2,000원 내외다. 단, 테이블에 음식과 같이 나오는 밑반찬은 별도로 돈을 지불해야 한다(VND 5,000/ 약 250원). 해산물과 고기 외에 튀김 또한 맥주를 부르는 안주다. 현지 스타일로 이색적인 분위기 속에서 음식을 한 점씩 올려놓고 나만의 스타일로 구워서 먹다 보면 어느새 빈 접시들만 테이블에 가득하다.

닭 요리가 맛있는 중국식 베트남 요리 레스토랑
피루 1 Phi Lu 1 **Nhà Hàng PHÌ LŨ** 1 [냐 항 피루]

주소 225 Nguyễn Chí Thanh, Hải Châu, Đà Nẵng **위치** 다낭 대성당에서 두 블록 뒤편 **시간** 8:00~22:00 **가격** VND 68,000(닭밥/약 3,400원) **전화** 0236-3868-868

베트남에서 흔히 접할 수 있는 식당 중 하나는 바로 중국계 베트남 사람이 운영하는 레스토랑이다. 점심이나 저녁 시간이 되면 많은 현지인이 가족이나 모임 장소로 즐겨 찾는다. 베트남 사람들이 좋아하는 대표적인 식당으로 깔끔하면서 저렴하게 중국식 음식을 접할 수 있다. 식당 내부는 1층은 오픈형, 2층은 에어컨 룸으로 갖춰져 있다. 이곳의 시그니처 메뉴라고 할 수 있는 '닭밥'은 호이안의 명물인 '치킨라이스'와는 약간 다른 형태다. 로스트 치킨 또는 그릴드 치킨 중 하나를 선택하면 되는데 그릴드 치킨은 좀 더 시간이 소요된다. 대체적으로 닭 요리가 맛있기로 유명하고, 다른 음식들도 중국식이라 우리 입맛에 익숙하다. 참고로 피루 1은 레스토랑이고, 피루 2는 예식당이다.

신선한 과일과 다양한 물건이 있는 현지 로컬 시장
꼰 시장 Con Market **Chợ Cồn** [쪼 꼰]

주소 318 Ông Ích Khiêm, Hải Châu 2, Q. Hải Châu, Đà Nẵng **위치** 빅C 슈퍼센터 맞은편 **시간** 6:00~20:00 **전화** 0236-3837-426

한 시장에 비해 크고 다양한 물건을 판매한다. 진짜 베트남 전통 시장을 느낄 수 있다. 외국인에게는 바가지 금액을 부르기 때문에 잘 협상해서 구매해야 한다.

다낭 시내에도 많은 분점이 있는 음식점
닥산보 Dac San Bo ĐẮC SẢN BỒ [닥산보]

주소 4 Lê Duẩn, Hải Châu 1, Q. Hải Châu, Đà Nẵng **위치 ❶** 다낭 대성당에서 도보 8분 **❷** 엔 바이(Yên Bái) 거리에서 팜홍타이(Phạm Hồng Thái) 거리 방면 북쪽으로 이동 **시간** 5:45~23:00 **가격** VND 200,000~300,000(2인 기준/ 약 10,000~20,000원), VND 109,000(반짱꾸온팃헤오/ 약 5,500원) **홈페이지** dacsandanangtran.com.vn **전화** 0236-3752-779

다낭 시내에만 4개 이상의 분점이 있는 유명 음식점이다. 대표적인 메뉴로는 '반짱꾸온팃 헤오(라이스페이퍼에 야채와 돼지고기를 넣고 말아서 소스에 찍어 먹는 요리)'와 '미꽝(비빔쌀국수)' 이 있다. 체인을 둔 유명 음식점이지만 한국인들에게는 호불호가 나뉘는 편이다. 메뉴판에는 가격이 2개 적혀 있는데 오른쪽이 부가세가 포함된 가격이다. 닥산보 페이스북에서 '좋아요'를 누르면 10% 할인을 해준다.

캐주얼한 분위기 속, 신나는 음악에 몸을 맡겨 보자!
골든 파인 펍 Golden Pine PUB [골든 파인 팝]

주소 52 Bạch Đằng, Hải Châu 1, Thanh Khê, Đà Nẵng **위치** 한강 다리 바로 아래 메모리 라운지 맞은편 **시간** 16:00~다음 날 4:00 **가격** VND 200,000~300,000(맥주/ 약 2,000원~) **전화** 094-2850-519

'다낭 시내에서 가장 많은 사람이 찾는 펍'이라고 해도 과언이 아닐 만큼 밤마다 사람들이 작은 가게에서 나와 도로까지 북적거리는 모습을 볼 수 있다. 새벽 1시만 되더라도 가게들이 문을 닫고 밤거리가 한산해지지만, 골든 파인 펍은 다르다. 다낭에서 가장 늦게까지 영업하는 술집으로 새벽 4시까지 문을 활짝 열어 둔다. 맥주 한잔만으로도 흥겹게 음악에 몸을 맡길 수 있다. 서양인들은 물론이거니와 베트남 현지 사람들과 한국인들도 만날 수 있는 공간이다. 디제잉도 해 주는데 원하는 음악을 종이에 적어서 주면 원하는 노래까지 틀어 주기 때문에 우리만의 파티를 할 수 있는 곳이다.

베트남식 비빔쌀국수집
미꽝 1A Mi Quang 1A MÌ QUẢNG 1A [미꽝]

주소 1 Hải Phòng, Hải Châu 1, Hải Châu, Đà Nẵng **위치** 다낭 대학교에서 북쪽으로 3~5분, 하이퐁(Hải Phòng) 거리에 위치 **시간** 6:00~21:00 **가격** VND 30,000(새우 & 돼지고기 미꽝/ 약 1,500원), VND 30,000(닭고기 미꽝/ 약 1,500원), VND 40,000(누들 스페셜/ 약 2,000원) **전화** 0236-3827-936

칼국수 면발처럼 넓적한 국수에 라이스페이퍼를 잘게 부수어 고명으로 얹어 먹는 베트남식 비빔쌀국수가 미꽝Mì Quảng이다. 비빔이라고 해서 우리나라에서 흔히 먹는 비빔국수를 생각하면 큰 오산이다. 우리나라 비빔국수보다 면발은 두껍고, 국물은 자작하고, 양념은 맵지 않다. 다낭에서 맛볼 수 있는 특이한 쌀국수로 손꼽히는 음식이다. 메뉴는 단출하다. 새우와 돼지고기가 들어간 미꽝, 닭고기가 들어간 미꽝 그리고 세 가지 재료가 들어간 스페셜 미꽝이 있다. 미꽝과 함께 나오는 야채와 라이스 페이퍼를 부셔서 국수랑 같이 먹으면 이것이야말로 베트남 스타일 비빔면이다.

제국주의가 낳은 흥미로운 신흥 종교의 사원
까오다이교 사원 Cao Dai Temple Đền Cao Đài [덴 까오 다이]

주소 63 Hải Phòng, Thạch Thang, Hải Châu, Đà Nẵng **위치** 하이퐁(Hải Phòng) 거리 63번지 위치, 다낭 대성당에서 도보 15분 **시간** 예배: 매일 오전 6시, 정오, 오후 6시, 자정(하루 4번)/예배 외: 5:30~22:30 **요금** 무료

'까오다이'란 높은 곳이라는 뜻으로 신이 지배하는 천상의 영역, 곧 천국을 뜻한다. 20세기 전반 베트남 남부에서 일어난 신흥 종교로 베트남의 귀족 신자와 학생 그룹에게 이 종교를 신이 세상에 내린 세 번째 제도로 믿도록 권장하는 데에서 비롯된 종교다. 1926년에 완성된 사원이며, 떠이닌에 있는 총본산을 제외하면 전국에서 가장 큰 규모다. 도교, 불교, 그리스도교와 전통적인 민간 신앙 및 유교, 그리스의 철학 사상을 융합한 특이한 체계를 교의로 했다. 사원에는 2개의 문이 있는데, 남성과 여성이 출입하는 문이 좌우로 구분돼 있다. 왼쪽에 있는 문은 'NU

PHAI'로 여성, 오른쪽에 있는 문은 'NAM PHAI'로 남성만 출입하는 문이다. 제단 전면에는 까오다이교의 상징인 커다란 혜안(커다란 눈)이 그려져 있다.

해장으로 좋은 어묵국수 맛집
분짜까 109 Bun Cha Ca 109 BÚN CHẢ CÁ 109 [분짜까 몰 짬 링신]

주소 109 Nguyễn Chí Thanh, Hải Châu 1, Q. Hải Châu, Đà Nẵng **위치** 노보텔 다낭 호텔에서 도보 10분 **시간** 6:00~22:00 **가격** VND 20,000(스몰 사이즈/ 약 1,000원), VND 25,000(빅 사이즈/ 약 1,200원), VND 30,000(스페셜/ 약 1,500원) **전화**0945-713-171

단품 메뉴인 어묵국수로 승부하는 로컬 맛집인 만큼 메뉴는 한 종류밖에 없다. 2016년 위생 안전 인증을 받은 식당으로 깨끗하게 관리되고 있다. 이 식당이 현지인들에게 인기 있는 이유는 어묵국수에 들어 있는 어묵 그 자체만으로도 맛있기 때문이다. 어묵에 이어 국물은 우리가 일반적으로 생각하는 쌀국수의 맛과는 다른 깔끔함과 시원함을 안겨 준다. 전날 과음을 했다면 속풀이용으로 강력 추천한다. 매운 것을 좋아한다면 테이

블에 세팅돼 있는 쥐똥고추로 만든 양념장을 국수에 취향껏 넣어 먹으면 된다.

여행자들이 인정한 프렌치 레스토랑
르 밤비노 Le Bambino Nhà Hàng Le Bambino [냐 항 르 밤비노]

주소 122/11 Quang Trung, Hải Châu, Đà Nẵng **위치** 응우옌 중학교 옆 골목에 위치, 찐힌 종합 병원 건너편 **시간** 16:00 이후 오픈 **가격** VND 1,200,000~1,400,000(음식 금액+서비스 금액 5%+부가세 10%, 2인 기준/ 약 60,000~80,000원) **홈페이지** lebambino.com **전화** 0236-389-6386

2014년 트립어드바이저 시설면에서 우수 레스토랑으로 선정된 곳이다. 프랑스 식민지였던 베트남에서는 수준 높은 프렌치 요리를 저렴한 가격에 먹을 수 있다. 프랑스 남자가 베트남에 왔다가 베트남 여자에게 반해서 다낭에 정착해 레스토랑을 운영하고 있다. 주인이 프랑스인이라 입구에서부터 프랑스 가정집 느낌이 물씬 나며 대체적으로 따뜻한 느낌의 실내 인테리어가 돋보인다. 아침 식사부터 브런치, 저녁 식사까지 가능한 레스토랑으로 풀 사이드 야외석 22석과 흡연실 그리고 바가 있다. 풀 사이드 야외석은 풀장 옆이라 분위기가 더 로맨틱하지만 에어컨이 없어 더운 날씨에는 더위를 감안해야 한다. 메뉴는 영어와 한글로 적혀 있으니 큰 걱정

은 하지 않아도 된다. 한국에서는 비싸서 쉽게 접하기 힘든 양고기 스테이크, 송아지 고기, 달팽이 요리 등 프렌치 요리의 가격이 착하다. 립아이가 300g이라 양도 푸짐하고 고소하다. 부드러운 스테이크를 원한다면 송아지 고기 스테이크를 추천한다. 매시트포테이토와 함께 먹으면 궁합이 환상이다.

진한 육수와 고명이 가득 든 진정한 쌀국수
포박 63 Pho Bac 63 **Phở Bắc 63** [포박 싸우 므어이 바]

주소 203 Đống Đa, Thạch Thang, Đà Nẵng **위치** 다낭 대성당에서 도보 7분 **시간** 6:00~23:00 **가격** VND 35,000(스페셜 작은 사이즈/ 약 1,700원), VND 45,000(스페셜 큰 사이즈/ 약 2,300원) **전화** 0236-3834-085

우리가 일반적으로 생각하는 쌀국수지만 한 번 맛보면 다르다는 것을 확실히 알 수 있다. 고기가 풍성하게 들어 있고 국수 한편에는 계란 노른자가 있어서 국수와 함께 풀어서 먹는 쌀국수집이다. 스페셜과 일반의 차이는 계란의 유무이기 때문에 계란 노른자가 있는 것을 원한다면 스페셜로 선택하면 된다. 육수에서는 깊고 푸짐한 맛이 나서 진정한 베트남 쌀국수가 무엇인지 느끼게 해 주기 충분하다. 테이블에는 고수를 비롯해 여러 가지 양념장이 세팅돼 있는데 고수 중에서도 잎이 작고 연한 고수들은 음식의 느끼함을

덜어 주는 역할을 하기 때문에 베트남 음식을 좀 더 제대로 즐기고 싶다면 연한 고수부터 국수와 곁들여 먹어 보는 것을 추천한다.

스페인 부부가 차려 주는 스페인 현지의 맛
머캣 MERKAT [메캇]

주소 79 Lê Lợi, Thạch Thang, Q. Hải Châu, Đà Nẵng **위치** 노보텔 다낭 호텔 뒤편 약 500m에서 세 번째 사거리에 위치 **시간** 11:30~14:00(런치), 18:00~22:00(디너) **휴무** 화요일(단, 수요일은 디너만 제공) **가격** VND 210,000(파에야/ 약10,000원), VND 260,000(하몽/ 약 13,000원), VND 170,000(만체고[양 우유 치즈]/ 약 8,500원), VND 70,000(추로스/ 약 3,500원), VND 25,000(산미구엘/ 약 1,200원) **홈페이지** merkatrestaurant. com **전화** 0236-3646-388

식당 내부로 들어서면 제일 먼저 보이는 것은 오픈 키친이다. 인테리어도 정갈하고 깔끔하게 꾸며져 있어서 음식을 먹기도 전에 믿음이 간다. 스페인 음식은 우리에게 조금은 생소할 수 있는데 그런 음식을 베트남에서 접한다는 것은 특별한 경험이다. 스페인의 국민 음

식인 파에야(스페인식 해물볶음밥), 추로스 등 메뉴는 다양하다. 음식 맛은 호불호가 갈릴 수 있는데 스페인 음식을 접해 본 자와 처음 접하는 자로 구분될 수 있다. 더운 날씨를 피해 저렴한 금액으로 맥주와 하몽 그리고 추로스를 안주 삼고 싶다면 추천한다.

새콤달콤한 소스에 면을 담가 먹는 분짜 로컬 맛집

하노이 쓰아 Hanoi Xua **Hà Nội Xưa** [하노이 쓰어]

주소 95 Nguyễn Chí Thanh, Hải Châu, Đà Nẵng **위치** 응우옌찌타인(Nguyễn Chí Thanh) 거리와 꽝쯩(Quang Trung) 거리의 교차점에 위치 **시간** 10:00~14:00(월~토), 6:30~10:00(금~일) **가격** VND 35,000(분짜/ 약 1,500원), VND 8,000(넴/ 개당 약 400원) **전화** 0906-220-868

식당 입구에서 돼지고기를 숯불에 굽고 있어 고소한 고기 냄새가 동네를 감싼다. 자리에 앉으면 무엇을 먹을지 물어보지 않고 알아서 인원수에 맞게 메뉴가 나온다. 새콤달콤하게 맛을 낸 국물에 숯불로 구운 고기와 쌀국수를 적셔 먹는 하노이 지방의 대표 음식인 분짜Bún chả가 이 집 대표 메뉴다. 사이드 메뉴로는 스프링롤 넴Nem을 주문할 수 있다. 넴은 고기와 채소가 섞여 있어 분짜 국물에 적셔 먹거나 채소와 함께 먹으면 그 맛 또한 일품이다. 메뉴가 떨어짐과 동시에 영업시간도 끝나서 일찍 닫는 아쉬움이 있기 때문에 여행 중 이 집에서 분짜를 맛볼 수 있다면 행운이다. 퍼가Phở Gà와 분가Bún Gà도 판매한다.

가성비 갑! 현지인이 추천하는 쌀국수집

퍼 푸자 하노이 Pho Phu Gia Ha Noi **Phở PHÚ GIA HÀ NỘI** [퍼 푸자 하노]

주소 8 Lý Tự Trọng, Thạch Thang, Q. Hải Châu, Đà Nẵng **위치** 노보텔 다낭 호텔 뒤편에 위치, 도보 5분 이내 **시간** 6:00~10:30, 17:00~21:30 **가격** VND 45,000(쌀국수/ 약 2,300원) **전화** 0913-80-20-20

다낭과 호이안에는 전통 쌀국수가 따로 있어서 우리가 일반적으로 생각하는 쌀국수집이 드문 편인데, 그중 현지인들이 즐겨 먹는 쌀국수집이다. 메뉴는 단품이라 현지어로 되어 있어도 주문하는 데 어렵지 않다. 'Tai'는 살짝 익힌 고기, 'Nam'은 차돌박이가 들어간 쌀국수를 뜻한다. 테이블마다 국수에 넣어서 먹는 고추와 라임이 따로 준비돼 있고, 쌀국수와 함께 살짝 데친 숙주도 나온다. 한 그릇에 국물과 고기, 채소가 가득 들어 있어 저렴

한 금액으로 든든하게 배를 채울 수 있다.

다낭에서 가장 높은 곳에 있는 루프톱 바

스카이 36 SKY36 [스카이 바 드어이 싸우]

주소 36F Novotel Da Nang, 36 Bạch Đằng, Hải Châu, Q. Hải Châu, Đà Nẵng **위치** 박당(Bạch Đằng) 거리 36 번지 노보텔 다낭 호텔 36층 **시간** 18:00~26:00 **가격** VND 140,000~250,000(맥주·칵테일/ 약 7,000~13,000 원) *15% 세금 별도 **홈페이지** sky36.vn **전화** 0236-3227-777

다낭에서 현재까지 가장 높은 곳에 있는 클럽이자 루프톱 바이다. 노보텔 호텔 36층에 위치해 있으며, 호텔 로비로 들어서면 왼쪽에 있는 전용 엘리베이터를 타고 올라갈 수 있다. 35층은 에어컨 시설의 스카이라운지로 되어 있고, 36층은 야외 옥상에 있는 루프톱 바로 구분된다. 탁 트인 다낭의 야경을 보고 싶다면 35층보다 36층으로 올라가는 것을 추천한다. 칵테일 또는 맥주를 마시며 야경을 감상하기 좋고, 밤에는 DJ가 하우스 뮤직을 믹싱하면서 분위기는 한껏 더 무르익는다. 기본적인 드레스 코드가 있기 때문에 슬리퍼나 반바지 또는 찢어진 옷을 입으면 출

입을 제지당한다. 18세 이상만 출입이 가능하며 연령 제한은 없지만 대체적으로 젊은 분위기다. 조용하게 이야기를 나누거나 부모님을 모시고 가기에는 다소 시끄러울 수 있으니 참고하자.

한강의 아름다움을 볼 수 있는 기념품 카페
다낭 수버니어 앤 카페 Danang Souvenirs & Cafe [다낭 콰 르우 니엠 바 카페]

주소 34 Bạch Đằng, Hải Châu, Đà Nẵng **위치** 노보텔 다낭 호텔 옆 **시간** 7:00~22:30 **가격** VND 20,000~50,000(커피 및 음료/ 약 1,000~2,500원) **홈페이지** danangsouvenirs.com **전화** 0236-3827-999

커피도 마시며 친구나 가족을 위해 다낭의 기념품도 구매할 수 있는 곳이다. I ♥ DANANG이 쓰여진 옷을 입고 있는 곰돌이, 베트남 전통 모자인 논Non을 쓰고 있는 인형, 귀여운 마그네틱, 베트남 특산품인 커피, 차, 향초, 오일까지 다양하고 전문적인 기념품이 준비돼 있고, 퀄리티도 좋은 편이다. 기념품 숍 옆에 카페가 위치해 있어 커피를 마시며 선물을 구입하기 좋은 곳이다.

보기 좋은 음식은 맛도 좋다

루남 비스트로 RUNAM BISTRO [루남 비스쵸]

주소 24 Bạch Đằng, Thạch Thang, Hải Châu, Đà Nẵng **위치** ❶ 박당(Bạch Đằng) 거리 강변에 위치 ❷ 콩 카페 & 노보텔 다낭 호텔 근처 **시간** 7:00~23:00 **가격** VND 80,000(스무디류/ 약 4,000원), VND 60,000(카페 쓰어 다/ 약 3,000원) *15% 세금 별도 **전화** 0236-3550-788

베트남의 유명 연예인이 주인이라는 카페 겸 레스토랑이다. 다낭을 비롯해 호치민, 하노이, 냐짱에도 체인점이 있어서 베트남 여행 중 쉽게 만나 볼 수 있다. 주변 건물들에 비해 유난히 세련돼 보이는 건물로 꾸며져 있고, 널찍한 공간에 들어서면 마치 갤러리에 온 듯한 느낌을 받을 수 있다. 디저트도 다양하고 음식과 음료까지 다양해서 골라 먹는 재미를 더해 준다. 베트남 물가에 비해 비싸지만 우리나라 카페에서 접하는 금액 정도 예상하면 된다. 마담런 레스토랑에서 가깝게 위치하고 있으며, 시원하고 쾌적한 실내에서 후식을 먹고 싶다면 추천한다.

한국인의 입맛에 잘 맞는 쌀국수집

퍼홍 Pho Hong **Nhà Hàng Phở Hồng** [냐 항 포홍]

주소 10 Lý Tự Trọng, Thạch Thang, Hải Châu, Đà Nẵng **위치** ❶ 노보텔 다낭 호텔과 다낭 수버니어 & 카페 골목에서 두 블록 직진 후 오른편 골목에 위치 ❷ 리뜨쫑(Lý Tự Trọng) 거리와 판보이짜우(Phan Bội Châu) 거리가 만나는 곳에 위치 **시간** 5:30~22:00 **가격** VND 40,000~50,000(쌀국수/ 약 2,000원~) VND 150,000~200,000(스프링롤/ 약 7,500원~) **전화** 098-878-2341

현지 로컬 식당으로 근처에 노보텔이 있어서 한국인이 자주 찾는 식당이다. 한국어 메뉴판도 구비돼 있다. 스프링롤도 바삭하니 맛있어서 같이 시키는 편이 좋다.

야심한 밤 맥주와 피자가 생각날 때
루나 펍 LUNA Pub [루나 팝]

주소 9A Trần Phú, Thạch Thang, Hải Châu, Đà Nẵng **위치** 노보텔 다낭 호텔 뒷골목에서 마담런 방면으로 약 300m 이동 **시간** 11:00~다음 날 1:00 **가격** VND 140,000~210,000(파스타 & 피자/ 약 7,000~10,000원), VND 25,000~85,000(맥주/ 약 1,300~4,300원) **홈페이지** www.lunadautunno.vn/restaurants/luna-pub/ **전화** 0236-3898-939 / 0932-400-298

하노이와 호이안에도 지점이 있는 루나 펍은 이탈리안 레스토랑이다. 낮에도 운영하지만 늦은 밤까지도 사람들이 많이 찾는 곳으로, 노보텔 스카이 36 근처에 있다. 레스토랑은 실내 전면이 오픈된 구조로 마치 노천카페 같은 분위기를 느낄 수 있다. 각기 다른 소품 하나하나에 신경을 써서 감각적인 인테리어가 돋보인다. 차량으로 만든 DJ 부스에서 DJ가 음악도 틀어 주며, 전체적으로 격식을 차리는 분위기라기보다 캐주얼한 분위기라 부담 없이 즐길 수 있다. 유쾌하고 한국어를 곧잘 하는 직원 덕분에 주문도 어렵지 않게 메뉴를 추천받을 수 있다. 화덕에 구운 얇

은 피자는 맛도 좋아서 1인 1판도 가능하다. 밤 9~10시가 피크 타임이며, 노보텔 스카이 36에서 신나게 놀다가 조용하고 편안한 분위기에서 야식을 먹고 호텔로 돌아가고 싶다면 단연 추천한다.

편리하고 세심한 서비스의 스파 숍
아지트 Azit [아질]

주소 ❶ 16 Phan Bội Châu, Hải Châu, Đà Nẵng **❷** 22 Đặng Tử Kính, Danang, Da Nang, Vietnam(2호점) **위치** 마담런에서 도보 5분 **시간** 10:30~22:30 **요금** US$16+팁 $2(아로마 보디+풋 마사지 60분), US$20+팁 $3(아로마 보디+스톤+풋 마사지 90분), US$10+팁 $2(어린이 아로마 보디 마사지 60분) **홈페이지** www.azit1.com **전화** 091-1374-016 / 093-5959-019

다낭 시내에 있어 편리하게 찾아갈 수 있을 뿐더러 한국인이 운영하고 있어 카카오톡(아이디 : zoinsung84)으로도 예약이 가능하다. 건물 1층에는 기념품을 파는 숍도 갖추고 있어 커피, 기념품, 선글라스 등을 구입할 수 있고, 네일 케어를 받는 프로그램도 있다. 공항에 돌아가기 전 밤 11시까지 무료 라운지에서 쉬다 갈 수도 있고, 짐 보관 서비스도 해 주니 자유 여행자들에게는 더할 나위 없이 편리한 서비스다. 색깔로 표시된 카드로 원하는 마사지 강도를 쉽게 표현할 수 있고 세심한 서비스 덕에 현재 3호점까지 운영 중이다.

다양한 베트남 전통 요리를 맛보고 싶다면
마담란 Madame Lan Madame LÂN [마담란]

주소 4 Bạch Đằng, Q.Hải Châu, Tp. Đà Nẵng **위치** 노보텔 다낭 호텔에서 도보 10분 **시간** 6:00~22:00 **가격** VND 400,000~600,000(2인 기준/ 약 20,000~30,000원) **홈페이지** www.madamelan.vn **전화** 0236-3616-226

이미 너무나도 많은 여행객에게 알려진 다낭을 대표하는 레스토랑이다. 자유 여행 손님은 물론, 단체 여행 손님들도 찾는 곳이다. 다양한 베트남 음식을 맛볼 수 있는 곳이며, 한국 사람들뿐 아니라 베트남 현지인들도 자주 찾는 레스토랑이다. 메뉴판은 사진과 영어로 나와 있어서 주문하기에 어렵지 않다. 가장 많이 찾는 메뉴로는 반쎄오, 스프링롤, 모닝글로리, 볶음밥, 쌀국수 정도다. 허름한 현지 식당보다 깔끔한 식당을 선호하거나 또는 여럿이 모여 방문하려는 여행자들이 무난하게 식사하기에 좋다.

공간 인테리어가 멋진 카페
파파 컨테이너 커피
PAPA CONTAINER Coffee [빠빠 컨테이너]

주소 Thanh Tịnh, Hòa Minh, Liên Chiểu, Đà Nẵng **위치** 다낭 공항에서 자동차 15분 **시간** 6:00~22:00 **가격** VND 14,000~45,000(약 7,000원~22,000원) **전화** 090-3800-949

베트남에서 결혼을 앞둔 신혼부부들이 웨딩 촬영으로도 종종 이용하는 카페다. 실내외 모두 개방된 공간 인테리어가 멋지며, 어느 각도에서 사진을 찍어도 잡지 속 화보를 연상케 한다. 카페가 있는 위치는 우리가 일반적으로 여행하는 다낭 시내와 정반대에 있어 쉽게 찾아가기 어렵다는 단점이 있다.

베트남에서 가장 큰 불상이 있는 곳
린응사 Linh Ung Temple Chùa Linh Ứng [추어링웅]

주소 Hoàng Sa, Thọ Quang, Sơn Trà, Đà Nẵng **위치** 다낭 대성당에서 인터컨티넨탈 호텔로 가는 방향으로 자동차 18분 **시간** 24시간 **요금** 무료

베트남 전쟁에서 패한 후 보트를 타고 탈출하던 베트남 사람들이 지금의 린응사가 내려다보이는 해변가에서 풍랑을 만나 익사해 수많은 목숨을 잃었다. 그들의 넋을 달래기 위해 지어진 린응사는 바다를 바라보고 손짜반도 산 중턱에 위치해 있다. 2003년도에 지어졌으며, 1층 법당에서 소원을 빈 뒤 소원을 적은 종이를 간직하면 소원이 이루어진다고 하여 '비밀의 사원'으로도 불린다. 린응사를 비롯해 동양 최대 크기의 관음보살상인 해수관음상도 바다를 보고 있다. 해수관음상의 높이는 약 67m로 고층 빌딩 30층 정도의 높이로 오행산을 향해 서 있다. 부드러운 곡선미와 인자한 미소를 띠고 있어 '레이디 부처Phật Lady'라고도 불리며, 관음보살 왼손에 들고 있는 것은 '정병(淨瓶)'이라는 것으로, 정병은 맑은 물을 담아두는 병으로 고통과 갈증을 해소하는 자비를 베푼다는 의미를 뜻하고 있다. 이 불상이 세워진 후로 다낭은 태풍의 피해를 입지 않고 있다는 이야기도 전해진다. 또한 다낭 시내와 해안의 절경을 한눈에 담을 수 있어서 노을을 보기 위해 찾는 사람들도 많다.

케이블카를 타고 산속 테마파크로!
바나힐 Bà Nà Hills

주소 Thôn An Sơn, Xã Hòa Ninh, Huyện Hòa Vang, Thành phố Đà Nẵng 위치 바나산 정상에 위치, 다낭 시내에서 차량으로 약 40~50분 이동 **시간** 8:30~17:00 **요금** VND 700,000(성인/ 약 35,000원), VND 600,000(아동/ 약 30,000원) 무료입장(키 1m 이하의 아동) *다낭에 거주하는 거주자 또는 머큐어 다낭 바나힐스 호텔 투숙객 입장료 프로모션 가격: VND 400,000(성인), VND 300,000(아동) **홈페이지** www.banahills.com.vn/en

다낭시에서 서쪽 방향으로 약 42km 지점, 해발 1,487m의 높은 산이며 '다낭의 달랏'으로 불릴 정도로 지방 정부에서 기대를 갖고 개발을 한 곳이다. 전 세계에서 두 번째로 긴 케이블카를 타면 바나 산에 오르는 길부터 색다른 재미를 선사한다. 케이블카로는 바나힐까지 1,368m를 오르며 약 17분이 소요된다. 총 201개의 케이블카가 배치돼 있으며, 이는 시간당 약 3,000명 정도의 탑승객을 태울 수 있다. 바나힐까지 오는 풍경은 남녀노소 누구나 좋아한다. 계곡과 우거진 숲을 구경하다 보면 20분은 금방 지나간다. 비로소 바나힐 정상에 올라서면 이곳이 다낭 맞을까 싶을 정도로 유럽풍의 마을이 펼쳐진다. 시원하고 선선한 산 공기와 360도로 탁 트인 전망이 호연지기를 느끼기에 충분하다. 특히 레님Le Nim 호텔 식당 발코니에서 식사를 하며 바라보는 전망은 환상적이다. 테마파크에는 자이로드롭, 클라이밍, 범퍼카, 회전목마, 오락실, 4D·5D 체험관, 미로 찾기 등 다양한 놀이 기구가 있다. 이 모든 놀이 기구가 입장에 포함돼 있어 재미있게 이용할 수 있다. 키즈 클럽도 갖춰져 있는데 웬만한 리조트에 있는 키즈 클럽 이상으로 상태와 위생 관리가 잘돼 있어서 어린 자녀들이 마음껏 뛰어놀 수 있다. 성인들끼리의 투어는 반나절 정도로 계획하고, 자녀 동반 시에는 하루 일정으로 고려하는 것을 추천한다. 어린이를 동반한 가족은 산 정상에서 약 2km 구간에 설치된 케이블카를 타보는 것도 색다른 즐거움이 될 수 있다.

★ ★

바나힐
이동 방법

- 한국인들이 가장 선호하는 방법은 렌터카 서비스를 예약해서 이용하는 방법이다. 사전에 미리 예약해야 호텔로 픽업이 제공되며, 가격은 보통 16인승 차량 12시간 원데이 투어로 이용할 경우 약 7~10만 원 내외다. 탑승 인원별로 단독 투어 또는 비용 부분은 상이할 수 있으니 참고하자.

- 투어 숍이나 현지 여행사를 통해 바나힐 투어를 단품으로 예약하는 경우 바나힐 입장권과 왕복 이동 차량이 포함된 경우가 많다. 마지막 날에도 캐리어를 차량에 맡길 수 있다는 장점이 있지만 기사와의 의사소통 시 언어의 제약이 따른다.

- 다낭 시내에서 택시를 잡아 이동하는 경우가 있다. 택시비는 대략 왕복 VND 300,000~400,000(약 15,000~20,000원) 내외다. 오히려 투어나 렌터카 서비스를 이용하는 편이 합리적이다. 택시 투어의 경우 사전에 카카오톡으로 탑승할 차량(번호판 표시) 및 대기하는 장소 등을 사진으로 요청해서 미리 받아 놓도록 하자. 투숙하는 숙소로 픽업이 오도록 사전에 예약해서 진행하는 것이 일반적이다.

- 숙박하는 호텔 내 운영하는 투어 데스크를 통해 투어 및 차량을 예약할 수 있다. 호텔별 프로그램이 다르지만 대략적으로 5~6시간 기준 차량은 VND 600,000~700,000(약 30,000원~35,000원) 예상하면 된다. 최소 하루 전에는 미리 예약하자.

바나힐 가기 전 준비 사항

✓ 산 정상을 오르므로 여름이라도 체온이 내려갈 수 있으니 긴 팔을 챙겨 가자!

✓ 변덕스러운 날씨로 갑자기 소나기가 올 수도 있으니 우비나 접이식 우산을 챙겨 가자!

✓ 바나힐까지는 다낭에서 40~60분 걸리고, 바나힐을 보는 시간까지 반나절(약 5시간 소요) 코스로 잡고 여행 계획을 세우자! (마지막 날 리조트 체크아웃 후 체크아웃 투어로 추천 코스)

✓ 바나힐을 좀 더 자세히 즐기고 싶으면 바나힐 리조트 투숙도 염두에 두자! (아름다운 조망은 덤!)

✓ 케이블카 시간을 확인하고 갈 때와 올 때의 동선을 계획하자!

🎡 바나힐 케이블카 Bà Nà Hills Cable Car

시간 7:30~21:00 **전화** 0236-3791-999

바나힐 정상에는 두 종류의 휴양지가 있으며 이곳에 가기 위해
서는 케이블카를 이용해야 하는데, 여기에는 세 종류의 케이블
카가 있다. 첫 번째는 5,801m 길이에 25개의 타워tower와 86
개의 캐빈cabin이 있는 주 시스템으로 정상의 첫 번째 휴양지로
가고, 두 번째는 5,043m 길이에 22개의 타워와 94개의 캐빈이 있
는 부 시스템으로 두 번째 휴양지로 가며, 세 번째는 두 번째 휴양지에서
정상에 있는 첫 번째 휴양지로 가는 길이 690m의, 17개의 캐빈이 있다.

수오이머Suối Mơ역 ↔ 바나Bà Nà 라인 (환승 1회 코스, 지상에서 중간 지역까지만 운행)	운행 시간
ROUND 1	7:30~7:45
ROUND 2	8:30~8:45
ROUND 3	9:30~9:45
ROUND 4	10:30~10:45
ROUND 5	11:30~11:45

디베이Debay역 ↔ 모린Morin 라인 (환승 1회 코스, 중간 지역에서 바나힐까지만 운행)	운행 시간
ROUND 1	7:30~9:30
ROUND 2	10:00~12:30
ROUND 3	13:30~14:00
ROUND 4	16:00~17:30
ROUND 5	18:45~19:30
ROUND 6	20:40~21:30

탁똑띠엔Thác Tóc Tiên역 ↔ 렝도쉰느L'Indochine 라인 (환승 없이 직행 코스, 오후에만 운행)	운행 시간
ROUND 1	12:30~12:45
ROUND 2	14:00~14:45
ROUND 3	15:00~15:15
ROUND 4	16:00~16:15
ROUND 5	17:00~17:30
ROUND 6	19:00~19:15
ROUND 7	20:00~20:15
ROUND 8	21:00~21:15

※ 케이블카 시간은 날씨에 따라 시간대는 조금씩 달라질 수 있으며, 오전 시간에는 바나힐 정상까지 한 번에
운행하는 케이블카는 없다.

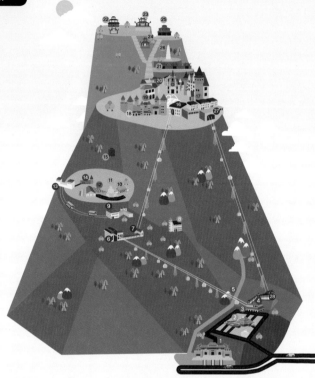

바나힐 안내도

1. 정문, 매표소
   Gate-Ticket Counter

2. 음식, 쇼핑센터
   Food, Shopping

3. 호이안 식당
   Hoi An Restaurant

4. 수오이머역
   Suoi Mo Station

5. 똑띠엔 폭포 라인
   Mo Spring

6. 바나역
   Ba Na Station

7. 디베이역
   Debay Station

8. 디베이 호텔
   Debay Hotel

9. 모노레일 출발 지점(관광 열차)
   Departure Station

10. 린응사
    Ling Ung Pagoda

11. 석가모니 불상
    Sakyamuni Statue

12. 르 자뎅 디아모르 화원
    D'Amour Flower Garden

13. 모노레일 종착 지점(관광 열차)
    Arrival Station

14. 디베이 와인 셀러
    Debay Wine Cellar

15. 사찰
    Goddess Shrine

16. 모린역
    Morin Station

17. 모린 호텔
    Morin Hotel

18. 놀이동산
    Fantasy Park

19. 듀돔 광장
    Du Dome Square

20. 프랑스 마을
    French Village

21. 뚜루부 찻집
    Tru Vu Tea Shop

22. 린추아린뚜 사당
    Linh Chua Linh Tu Temple

23. 바나 기념비
    Bell Pavilion

24. 비석 사원
    Stela House

25. 린퐁 사원
    Linh Phong Pagoda

26. 린퐁탑
    Linh Phong Tower

27. 렝도쉰느역
    L'indochine Station

28. 똑띠엔 역
    Toc Tien Waterfall Station

🏠 머큐어 다낭 프렌치 빌리지 바나 힐 Mercure Danang French Village Bana Hills

주소 An Son, Hoa Ninh Commune, Hoa Vang dist, Da Nang-Viet Nam **홈페이지** www.accorhotels.com/gb/hotel-8488-mercure-danang-french-village-bana-hills/index.shtml **전화** 0236-3-799-888

머큐어 다낭 프렌치 빌리지 바나힐에서는 몇 분만 걸으면 바나 언덕에 갈 수 있다. 총 333객실로, 무엇보다 바나힐을 조금 더 여유롭게 즐기고 싶은 사람이라면 이곳에 숙박을 해도 된다. 단, 호텔까지는 차량 접근이 불가능해 오직 케이블카로만 이동해야 하는 점은 날씨나 시간에 제약이 많을 수밖에 없다.

TIP 머큐어 바나힐 투숙할 경우

Toc Tien station 머큐어 바나힐 카운터에서 케이블카 티켓을 특별가에 이용할 수 있다.
- 성인(키 1.3m 이상) : 400,000동
- 어린이(키 1m 이상 1.3m 미만) : 300,000동
- 유아(키 1m 미만) : 무료

케이블카는 7:30~21:00까지만 운영
- 21:00 이후에는 올라갈 수 없음(차량 입장이 불가능한 곳)
- 21:00 이후 도착해서 올라가지 못할 경우 호텔 비용이 환불되지 않으니 예약 시 유념해야 한다.

다낭 바나힐 매력 포인트

❶ 테마파크는 적당히 이용해 보자
바나힐의 테마파크는 스릴 넘치는 빠른 놀이 기구 시설이 아니다. 부담스러운 놀이 기구가 없어서 어른이나 가족 동반의 아이들도 누구나 이용이 가능하고 범퍼 카 ⇨ 미니 자이로드롭 ⇨ 5D 체험관 순서로 동선을 효율적으로 활용할 수 있다.

❷ 케이블카를 탈 때는 왼편보다 오른편이 더 좋다
케이블카를 처음 이용할 때 멋진 절경들을 보려면 어느 쪽에서 타는 게 더 좋을까 한 번쯤은 생각하기 마련이다. 안개가 자욱한 날에는 차이가 없겠지만 가급적 오른쪽으로 탑승하는 게 조금 더 멋진 절경을 볼 수 있다는 게 현지인들의 팁이다. 올라가다 보면 푸른 하늘과 함께 자연 경관 속에 아름다운 폭포가 있어서 사진을 찍기 좋다.

❸ 테마파크가 싫다면 프랑스풍의 마을을 거닐자
예쁘게 관리되고 있는 프렌치 빌리지에 구석구석 사진 포인트가 많다는 사실! 베트남스럽지 않은 곳에서의 사진도 나중에 보면 이색적이어서 좋다.

선짜&
응우하인선구

Sơn Trà &
Ngũ Hành Sơn

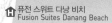
퓨전 스위트 다낭 비치
Fusion Suites Danang Beach

시 가든 호텔
Sea Garden Hotel

노아 스파
Noah Spa

더 톱 바
The Top Bar

알라카르트 다낭 비치 호텔
A La Carte Danang Beach Hotel

포유 4U

베만 Be Man

쿨 스파
Cool Spa

미케 비치
My Khe Beach

퀸 스파
Queen Spa

그랜드 투란 호텔
Grand Tourane Hotel

퉁피 바비큐
Thung Phi BBQ

송콩 호텔
Song Cong Hotel

라이즈마운트 리조트 다낭
Risemount Resort Danang

홀리데이 비치 다낭 호텔 & 리조트
Holiday Beach Danang Hotel & Resort

버거 브로스 1호점
Burger Bros

민스크 바
Minsk bar

프리미어 빌리지 다낭 리조트 매니지드 바이 아코르
Premier Village Danang Resort Managed by Accor

식스 온 식스
Six On Six

람비엔
Lam Vien

풀만 다낭 리조트
Pullman Danang Resort

바빌론 스테이크 가든 1호점
Babylon Steak Garden

푸라마 리조트 & 빌라 Furama
Resort & Villas Danang

퓨전 마이아 리조트
Fusion Maia Resort

하얏트 리젠시 다낭 리조트 & 스파
Hyatt Regency Danang Resort & Spa

빈펄 다낭 리조트 & 빌라
Vinpearl Da Nang Resort & Villa

빈펄 다낭 리조트 & 빌라
Vinpearl Da Nang Resort & Villa

오행산
Marble Mountains

쉐라톤 그랜드 다낭 리조트
Sheraton Grand Da Nang Resort

멜리아 다낭 리조트
Mela Danang Resort

그랜드 브리오 오션 리조트 다낭
Grand vrio Ocean Resort Danang

센타라 샌디 비치 리조트 다낭
Centara Sandy Beach Resort Danang

나만 리트리트
Naman Retreat

오션 빌라
Ocean Villas

빈펄 다낭 오션 리조트 앤 빌라
Vinpearl Da Nang Ocean Resort and Villas

잔잔하고 아늑한 다낭을 볼 수 있는 루프톱 바
더 톱 바 The Top Bar [바 렌 펜]

주소 24F À La Carte Danang Beach, 200 Võ Nguyên Giáp, Phước Mỹ, Sơn Trà, Đà Nẵng **위치** 해변 도로에 있는 알라카르트 다낭 비치 호텔 24층 **시간** 18:00~23:00 **가격** VND 100,000~150,000(1인 기준 / 약 5,000~7,500원) **전화** 0236-3959-555

미케 비치에 있는 알라카르트 호텔에서 운영하는 루프톱 바. 다낭 시내보다는 미케 비치에 위치해있어 해변 전망을 선사한다. 호텔 옥상에는 인피니티 풀과 바다를 한눈에 담을 수 있어 관광객들에게 포토 존 역할을 톡톡히 한다. 낮에도 라운지로 운영되기 때문에 출입이 가능하며, 낮에는 미케 비치를 밤에는 다낭의 야경을 감상할 수 있다. 수영장은 밤 9시까지만 운영하고, 호텔 투숙객이 아니어도 바를 이용할 수 있기 때문에 낮에는 커피나 시원한 과일주스를 마시며 더위를 식힐 수 있다.

미케 비치 앞에서 24시간 싱싱한 해산물을 먹을 수 있는 곳
포유 4U Nhà Hang 4U Biển [냐 항 본우 바이 비엔]

주소 Lô 9-10, Võ Nguyên Giáp, Phước Mỹ, Sơn Trà, Đà Nẵng **위치** 미케 비치 인근(빈펄 리조트에서 택시로 10~15분 소요, 약 5,000원) **시간** 8:00~22:00 **가격** VND 1,000,000~1,200,000(2인 기준 / 약 50,000~60,000원 내외) **홈페이지** www.4urestaurant.vn **전화** 0236-3942-945

미케 비치 앞 개방형으로 갖춰진 24시간 수산물 레스토랑이다. 다낭 해변에 있는 해산물 식당에서 가장 좋은 위치와 고급스러운 분위기를 느낄 수 있다. 식당에 들어서면 1층 대형 수족관 안에 있는 싱싱한 수산물을 직접 고를 수 있어서 여행의 재미를 더해 준다. 해산물은 메뉴판에 금액이 따로 적혀 있지 않으며, 시가로 계산된다. 메뉴가 다양해서 무엇을 먹어야 할지 모르겠다면 100g 단위로 나눠서 다양한 해산물을 먹을 수도 있다. 향신료가 있는 음식도 많으니 원치 않으면 주문할 때 잊지 말고 미리 얘기해 두자. 한국인들이 많이 먹는 메뉴는 갈릭 새우구이, 칠리크랩, 관자 등이다. 자유 여행 손님들을 비롯해 단체 패키지 손님들도 해산물을 먹기 위해 찾는 곳이다. 바다가 보이는 좌석은 예약을 안 하면 앉기 힘들기 때문에 좋은 자리

를 원한다면 예약은 필수다. 물티슈도 돈을 받으니 참고하자.

해산물을 마음껏 먹을 수 있는 현지 시푸드 레스토랑
베만 Be Man Bé Mặn [베만]

주소 Mân Thái, Sơn Trà, Đà Nẵng **위치** 퓨전 스위트 다낭 비치 호텔에서 도보 2분(택시 이동 추천) **시간** 9:00~24:00 **가격** VND 800,000~1,000,000(2인 기준/ 약 40,000~50,000원) **전화** 0905-2078-48

아직까지 관광객들보다 현지 사람들이 더 많이 찾는 곳이다. 현지인들이 추천하는 로컬 시푸드 식당이다. 포유 레스토랑처럼 고급스러운 분위기는 아니지만 현지 사람들과 어우러져 싱싱한 해산물을 마음껏 먹으며 내추럴한 매력을 느낄 수 있다. 식당 한쪽 벽면에는 메뉴판이 붙어 있지만 베트남어로 적혀 있기 때문에 알아볼 수 없다. 그래도 주문에 걱정이 없는 것은 눈으로 대형 수족관에 있는 해산물을 직접 보고 고르면 되기 때문이다. 처음 접하는 수산물들도 구경할 수 있어 재미를

더해 준다. 가장 인기 있는 메뉴는 타이거 새우와 가리비, 맛조개 그리고 볶음밥이다. 해산물을 고르고 나면 조리하는 방법까지 직접 정할 수 있다. 스팀, 바비큐, 갈릭, 칠리가 대표적이다. 남녀노소 구분 없이 해산물을 마음껏 그리고 부담 없이 즐길 수 있다. 주문하고 자리에 돌아오면 세팅돼 있는 기본 상차림은 식당에서 준비된 것이 아니라 별도로 돈을 지불해야 한다. 물티슈를 사전에 챙겨 가면 유용하게 쓸 수 있다. 베만 B가 2호점으로 있으며, 두 곳 중 가까운 곳을 가면 된다.

쾌적한 시설을 자랑하는 스파 숍
노아 스파 Noah spa [노아 스파]

주소 C1-21, Phạm Văn Đồng, An Hải Bắc, Sơn Trà, Đà Nẵng **위치** 다낭 판반동 K 마켓 옆 위치 **시간** 10:00~22:30 **요금** VND 330,000 (풋 트리트먼트 30분/ 약 16,500원), VND 638,000 (올리브 오일 테라피 60분/ 약 31,900원), VND 638,000 (아로마 오일 테라피 60분/ 약 31,900원), VND 990,000 (핫 스톤 아로마 테라피 90분/ 약 49,500원) *1인 3~5불 팁 별도 **홈페이지** www.facebook.com/noahspadanang **전화** 0236-393-94-99 / 091-170-50-00

필리핀 세부에서 유명한 노아 스파를 모토로 다낭에서 쾌적한 시설을 갖추어 5층 건물을 통째로 사용하고 있는 스파 숍이다. 각 룸마다 샤워실이 갖춰져 있고, 2인실 및 4인실 등 프라이버시가 보장된다. 자녀와 함께 여행하는 손님들을 위한 키즈 테라피도 있어 단독 룸에서 자녀와 자유롭게 시간을 보내며 마사지를 받을 수 있다는 점이 장점이다. 메뉴는 한국어로도 준비돼 있고, 오일 마사지를 선택하면 여섯 가지의 아로마 오일을 직접 맡아 보고 선택할 수 있다. 마사지 후 베트남 유명 커피인 G7 커피도 선물로 나눠 주는 센스가 돋보인다. 예약은 전화나 메일 또는 카카오톡(아이디 : noahspa1234)으로도 가능하다.

이름처럼 시원한 쿨 스파
쿨 스파 Cool SPA [스파 맛]

주소 984 Ngô Quyền, Quận Sơn Trà, Đà Nẵng **위치** 무엉타인 그랜드 다낭 호텔 로비를 등지고 오른쪽으로 20m 직진 **시간** 10:00~22:10 **요금** US$15+팁 $2 (아로마 전신 마사지 60분), US$20+팁 $3 (아로마 전신 마사지 90분), US$20+팁 $2 (베트남 건식 마사지 90분), US$25+팁 $5 (진저 테라피 마사지 90분), US12+팁 $3 (어린이 아로마 전신 마사지 90분) **전화** 070-5044-8834 / 0123-098-4725 / 0236-3934-245

한국인 사장이 운영하고 있는 스파 숍으로 한국인들이 많이 찾는 곳 중 하나이다. 무엉타인 호텔 근처에 위치해 있으며, 4층 건물로 깔끔하게 관리되고 있다. 마사지실 내부에 화장실과 샤워 시설도 갖춰져 있다. 필요시에는 무료 픽업 서비스(기사 팁 1불 별도)도 해 주기도 하며,

카카오톡으로도 예약이 가능하다. (아이디 : coolspa)

대나무 마사지가 있는 특별한 스파 숍
퀸 스파 Queen Spa [스파 느 으양]

주소 144 Phạm Cự Lượng, An Hải Đông, Sơn Trà, Đà Nẵng **위치** 미깡 1A에서 길 건너 도보 10분, 팜끄르엉(Phạm Cự Lượng) 로드에 위치 **시간** 8:45~21:00 **요금** VND 400,000(타이 보디 마사지 70분/ 약 20,000원), VND 300,000(오일 보디 마사지 60분/ 약 15,000원), VND 500,000(대나무[뱀부] 보디 마사지 90분/ 약 25,000원) **홈페이지** queenspa.vn **전화** 0236-247-3994

이미 많은 관광객으로부터 인기가 많아 예약을 하지 않으면 원하는 시간에 마사지를 받을 수 없는 인기 스파 숍이다. 메뉴는 영어, 일어, 중국어뿐 아니라 한국어로도 메뉴가 자세히 준비돼 있어서 원하는 마사지를 편리하게 받을 수 있다. 다른 마사지 숍에서는 흔치 않은 '대나무 보디 마사지'가 인기다. 개인 룸이 아닌 커튼과 파티션으로 구분돼 있어 옆 칸에 어떤 사람이 마사지 받고 있느냐에 따라 간혹 주위가 산만한 마사지를 받을

수도 있지만 저렴한 금액으로 시원하게 피로를 풀고, 이곳만의 친절한 서비스가 우리에게 잔잔한 감동을 주기 충분하다.

육즙을 가득 품은 수제 버거
버거 브로스 BURGER Bros [버거 브로스]

1호점 **주소** An Thượng 4, Mỹ An, Ngũ Hành Sơn, Đà Nẵng **위치** 홀리데이 비치 다낭 호텔 근처 **시간** 11:00~22:00(14:00~17:00 브레이크 타임) **가격** VND 80,000~140,000(약 4,000~7,000원) **전화** 093-1921-231, 094-557-6240

2호점 **주소** 4 Nguyễn Chí Thanh, Thạch Thang, Q. Hải Châu, Đà Nẵng **위치** 노보텔 다낭 호텔 근처

다낭에서 일본인이 운영하는 가장 인기 있는 수제 버거집이다. '베트남까지 가서 무슨 햄버거야'라고 생각한다면 큰 오산이다. 테이크아웃이랑 배달까지 가능하며 평범한 주택가 골목 안에 위치해 있는 가게 앞에는 다양한 국적의 손님들이 줄 서서 기다리는 모습을 쉽게 볼 수 있다. 이곳에서 가장 인기 있는 버거는 미케 버거, 치즈버거, 베이컨에그버거다. 버거 안에는 양상추, 토마토, 양파, 치즈, 수제 패티가 들어 있어서 별다른 재료 없

이 기본에 충실하며, 패티가 육즙을 가득 품고 있으면서 잡내가 나지 않는다. 미케 버거 콤보는 두툼한 고기 패티가 2장으로 올라간다. 저녁에 가면 재료가 다 떨어져 못 먹는 경우도 있으니 부지런히 움직여야 한다. 배달 주문의 경우 VND 150,000(약 7,500원) 이상의 결제 금액만 가능하고 저녁 8시 30분까지 주문하는 경우에 해당된다(배달 시 팁 VND 10,000 별도 지불).

자유로운 영혼들이 즐겨 찾는 라이브 펍
민스크 바 Minsk Bar Đơn-vị TÔI [민 바]

주소 Ngũ Hành Sơn, Mỹ An, Đà Nẵng **위치** 버거 브로스 한 블록 옆 골목 모퉁이 **시간** 7:00~26:00 **가격** VND 65,000~70,000(칵테일/ 약 3,300~3,500원), VND 18,000~30,000(맥주/ 9,000~15,000원) **전화** 093-644-71-15

루나 펍, 골든 파인 펍, 뱀부 바 등은 다낭 시내에 있지만 민스크 바Minsk Bar는 미케 비치 쪽에 위치해서 한산한 분위기 속에서 자유로움을 느낄 수 있는 펍이다. 밥 말리 영혼을 닮은 주인이 운영하고 있으며, 미케 비치에서 서핑을 즐기는 장기 여행자들이 편하게 찾는 커피숍이자 펍이다. 매일은 아니지만 가끔 라이브 공연도 한다. 이곳에서 함께 지내는 강아지와 고양이까지도 히피스러움을 느낄 수 있게 해준다. 위치는 버거 브로스 근처에 있어서 늦은 저녁 술 한잔하고 싶을 때, 복장에 구애받지 않고 편하게 자유로움을 느끼고 싶다면 적극 추천한다. 조만간 이 자리에 병원이 생길 예정이라 민스크 바가 폐쇄

될 예정이라고는 하지만 아직까지 운영하고 있는 걸 보면 언제 문을 닫을 지까지도 알 수 없는 자연스러움을 추구하는 것 같다. 미케 비치 근처에서 여행 중인 사람이라면 한 번쯤 방문해 보길 추천한다.

이른 아침 브런치를 즐길 수 있는 곳
식스 온 식스 SIX ON SIX [싸우 싸우 온]

주소 6/6 Chế Lan Viên, Mỹ An, Ngũ Hành Sơn, Đà Nẵng **위치** 프리미어 빌리지 리조트 뒤편(시내 쪽) 쩐반드(Trần Văn Du)거리로 들어가 세 번째 블록에 위치, 도보 12분 **시간** 8:00~17:00(화~일) **휴무** 토요일 **가격** VND 40,000~55,000(커피류/ 약 2,000~2,800원), VND 70,000(코코넛 커피/ 약 3,500원), VND 60,000(과일 슬러시/ 약 3,000원), VND 50,000~120,000(브런치류/ 약 2,500~6,000원) **홈페이지** sixonsix.net **전화** 094-6114-967

서양인 부부가 운영하는 게스트 하우스 1층에 있는 카페다. 오전에는 브런치, 오후에는 커피나 음료를 마실 수 있는 공간으로, 숙박을 하지 않아도 찾는 손님들이 많다. 카페 한쪽 테이블에는 다낭 곳곳의 맛집이나 스파 숍 등 여행자들이 찾을 만한 명함과 쿠폰도 준비돼 있다. 100% 과즙으로 만드는 과일 슬러시가 인기 메뉴다. 실내 인테리어는 심플하면서 깔끔하고, 카페에 찾아오는 손님은

현지인보다 서양인의 비중이 높은 편이다.

분위기 좋은 베트남식 레스토랑
람비엔 Lam Vien **Lâm Viên** [람 비엔]

주소 88 Trần Văn Dư, Mỹ An, Ngũ Hành Sơn, Đà Nẵng **위치** ❶ 하얏트 리젠시 다낭 리조트에서 택시로 5분(VND 50,000/약 2,500원) ❷ 빈펄 리조트에서 택시로 10분 ❸ 프리미어 빌리지, 푸라마 리조트에서 도보 5~7분 **시간** 11:30~21:30 **가격** VND 115,000(파인애플볶음밥/ 약 5,800원), VND 185,000(칠리새우/ 약 9,300원), VND 135,000(람비엔 스프링 롤/ 약 6,800원), VND 125,000(반쎄오/ 약 6,200원) **홈페이지** www.lamvienrestaurant.com **전화** 0236-3859-171

마담런 레스토랑과 쌍벽을 이루는 곳으로, 분위기는 마담런보다는 람비엔이 한 수 위다. 베트남 전통 가옥에 정원을 예쁘게 꾸며 놓아서 고급스러운 느낌이 든다. 식당 내부에 에어컨이 있어서 다른 현지 식당보다 쾌적하고 넓다. 한국어를 비롯해 여러 나라 언어로 제작된 메뉴판이 준비되어 있어서 메뉴 선택 시 사진과 한글로 된 설명을 보고 선택하면 된다. 작고 허름한 로컬 음식점보다는 금액대는 있는 편이지만 로컬 음식 자체가 워낙 저렴하기 때문에 이곳의 가격이 부담스러운 정도는 아니다. 음식의 맛도, 분위기도, 시설도 뭐든 중간 이상은 하기 때문에 모험보다는 안전한 선택을 원하는 여행객들에게 추천할 만하다. 특히 아이를 동반하거나 부

모님을 모시고 여행하는 사람들이라면 추천한다. 다양한 베트남 요리가 있지만 파인애플볶음밥, 반쎄오, 새우튀김이 인기 메뉴다. 세계 6대 해변으로 유명한 미케 비치가 근처에 있어 식사 후 산책 코스로도 괜찮다.

TV프로그램 〈배틀트립〉도 반한 베트남식 숯불구이집

퉁피 바비큐 Thung Phi BBQ **THÙNG PHI BBQ** [퉁 피 비비큐]

주소 195/9 Nguyễn Văn Thoại, Bắc Mỹ An, Ngũ Hành Sơn, Đà Nẵng **위치 ❶** 미케 비치에서 도보 12분 **❷** 라이즈마운트 리조트에서 도보 3분 **시간** 15:00~22:30 **가격** VND 89,000(돼지 양념구이/ 약 4,500원), VND 69,000(닭 모래주머니/ 약 3,500원), VND 69,000(소고기 치즈말이 5개/ 약 3,500원), VND 16,000(맥주/ 약 800원) **홈페이지** www.facebook.com/thungphibbq **전화** 093-454-2233

여행 프로그램 〈배틀트립〉 다낭편에서 첫날 저녁 식사로 소개된 곳으로, 아기자기한 분위기에 저렴한 가격대로 개인 화로에서 숯불구이를 즐길 수 있다. 꼬치구이, 생선, 고기 등의 다양한 메뉴가 있어서 친구들끼리 와도 가족들이 와도 입맛에 따라 선택할 수 있는 장점이 있다. 오후 시간대에 오픈하기 때문에 오전이나 점심 시간에는 찾아가지 말자. 가볍게 숙소에 돌아가기 전에 맥주 한잔한다면 금상첨화다.

돌판 위에 구워 먹는 스테이크

바빌론 스테이크 가든 BABYLON STEAK GARDEN [바빌론 스텍 부온]

1호점 주소 422 Võ Nguyên Giáp, Mỹ An, Ngũ Hành Sơn, Đà Nẵng **위치** 미케 비치 근처, 프리미어 빌리지 맞은편 **시간** 10:00~22:00 **가격** VND 800,000~1,000,000(2인 기준/ 약 40,000~50,000원) **홈페이지** www. facebook.com/pg/babylonsteakgarden/about/?ref=page_internal **전화** 094-222-9566

2호점 주소 18 Phạm Văn Đồng, An Hải Bắc, Sơn Trà, Đà Nẵng **위치** 알라카르트 다낭 호텔에서 도보 6분, 소피아 부티크 호텔 옆 위치 **전화** 098-347-4969

최근 여행 프로그램에 나오면서 한국인들 사이에서 더 유명해진 곳인데 마치 한국인만을 위한 레스토랑 같다. 돌판 위에 구워 주는 스테이크집으로, 총 2개 지점으로 운영되고 있다. 본점인 1호점은 미케 비치 근처에 있어서 프리미어 빌리지, 풀만, 빈펄 등 미케 비치 쪽에 위치한 리조트에서 가깝고, 2호점은 다낭 시내 쪽에 위치해 있어서 노보텔, 알라카르트 등 시내 중심가 호텔에 머무르는 경우 가깝게 이동할 수 있다. 이곳에서 가장 많이 시키는 필레미뇽Filet Mignon(안심 스테이크)은 미디엄 250g에 VND 450,000(약 23,000원), 본리스 립아이Boneless Ribeye(립아이 스테이크) 미디엄 250g에 VND 380,000(약

19,000원)으로 로컬 식당보다는 금액대가 있는 음식이지만 질 좋은 스테이크를 저렴한 금액으로 맛볼 수 있다. 그 외 추천 음식으로는 버섯과 시푸드를 스팀으로 요리한 메뉴인 스팀드 머시룸, 토푸 & 시푸드 인 포일Steamed Mushroom, Tofu & Seafood In Foil과 베이컨 관자 말이 & 베이컨 새우말이를 추천한다.

신비로운 분위기를 자아내는 대리석 산
오행산 Marble Mountains Ngũ Hŕnh Sơn [누헝 엣선]

주소 Hòa Hải, Ngũ Hành Sơn, Đà Nẵng **위치** 미케 비치에서 택시로 10~15분 소요 **시간** 7:00~17:30 **요금** VND 40,000(1인 기준 / 약 2,500원), VND 15,000(엘리베이터 이용료 1인 기준 / 약 750원)

다낭 시내와 호이안 사이에 있는 대리석 산맥으로 이루어진 오행산은 베트남의 성지이다. 처음에는 힌두교 성지였지만 참파 왕국이 베트남에 의해 정복된 이후 현재는 불교의 성지 역할을 하고 있다. 총 다섯 개의 봉우리로 이루어져 있으며 각 봉우리는 목(목썬), 화(호야썬), 토(터썬), 금(깜썬), 수(투이썬) 오행을 관장하는 산을 뜻한다. 석회암 용식 작용으로 인해 봉우리마다 수많은 천연 동굴을 품고 있으며, 이 중 물을 관장한다는 투이썬이 가장 잘 알려져 있다. 투이썬에는 많은 동굴이 있는데, 각 동굴마다 불상이 모셔져 있으며, 하늘로 향해 생긴 구멍을 통해 동굴 안으로 빛이 들어와 신비로운 분위기를 자아낸다. 또한 156개의 계단 위에 있는 해발 108m 전망대에서 보는 조망이 일품이다.

VIETNAM

호이안
Hoi An

베트남의 옛 모습을 간직한 낭만적인 작은 마을

다낭에서 약 30km 떨어져 있는 호이안 지역은 베트남 꽝남 성의 남중국해 연안에 있는 작은 도시다. 인구는 약 120,000명이며 한때 번성했던 동서양의 문화가 어우러진 무역항이 있었다. 1999년 11월 29일부터 12월 4일까지 모로코의 마라케쉬에서 개최된 제23차 유네스코 회의에서 세계 문화 유산으로 지정됐으며 매일 많은 관광객이 끊이지 않는 아름다운 곳이다. 북적이는 차와 오토바이 대신 관광객과 인력거가 천천히 달리는 모습, 자전거를 타고 지나가는 행인들의 모습이 여유롭고 이색적이다.

124

도보 여행
TIP

- 호이안 올드 타운을 도보로 둘러본다면 1.4km거리로 충분히 여유롭게 1~2시간이면 볼 수 있다. 골목 사이에 관광지와 카페, 식당이 있으므로 천천히 걸어 다니면서 차나 커피 한잔을 하면서 잠시 더위를 피해 시원한 음료를 마셔 보자.
- 호이안에서 숙박을 한다면 자전거를 대여해서 호이안 골목골목을 누비는 재미를 느껴보자. 묵는 숙소에 따라 무료 또는 유료로 대여가 가능하다.
- 현지 마사지 숍은 다낭보다 저렴한 금액대로 이용할 수 있고, 호이안의 전통 요리나 반미(Bánh mì) 전문점에서 가볍게 간식을 즐기는 것도 좋다.

호이안

La Siesta Hoi An Resort & Spa
라 시에스타 스파

Atlas Hoian Hotel
아틀라스 호이안 호텔

Hotel Royal Hoi An,
엠 갤러리 바이 소피텔
M Gallery by Sofitel

Green Heaven Hoi An Resort & Spa
그린 해븐 호이안 리조트 앤 스파

The Magic Spa
더 매직 스파

Chon Mon A La Carte
쫀 몬 알라까르뜨

An Hoi Hotel
안 호이 호텔

Tiger Tiger Bar
타이가 타이가 바

Hoi An Night Market
호이안 야시장

Nu Eatery
느 이터리

Phung Hung Old House
풍흥 고가

Cantonese Assembly Hall
Rosie's Cafe
광조 회관
로지스 카페

Japanese Covered Bridge
내원교

Reaching Out Teahouse
리칭 아웃 티하우스

Morning Glory
모닝 글로리

Golden Kite
골든 카이트

Tam Tam Cafe
땀땀 카페

Fusion Cafe
퓨전 카페

The Cargo Club
더 카고 클럽

Hai Cafe
하이 카페

Tan Ky Old House
쿠비 고가

Q Bar
연가 쿠비

Rice Drum
라이스 드럼

White Marble Restaurant
화이트 마블 레스토랑

Hoi An Market
호이안 시장

Vinh Hung 1 Heritage Hotel
빈흥 헤리티지 호텔

Secret Garden
시크릿 가든

Hoi An Roastery
호이안 로스터리

Tran Family Chapel
쩐 사당

Museum of Trade Ceramics
도자기 무역 박물관

Dac San Hoi An
닥산 호이안

Coco Box
코코 박스 1호점

Chu Chu
쭈쭈

Streets
스트리츠

Pho Xua
퍼 쓰아

Phuoc Kien Assembly Hall
푸찌엔 회관

Quan Cong Temple
꽌꽁 사당

Bale Well
바레웰

Hoi An Museum
호이안 박물관

Vinh Hung Library Hotel
빈흥 라이브러리 호텔

Palmarosa
팔마로사

White Rose Spa

Phi Banh Mi
피 반미

Madam Khanh
The Banh Mi Queen
마담 칸 더 반미 퀸

Pandanus Spa
판다누스 스파

Banh Mi Phuong
반미 프엉

Miss Ly
미쓰리 미스 리

The Hill Station Deli & Boutique
더 힐 스테이션 델리 앤 부티크

Anantara Hoi An Resort
아난타라 호이안 리조트

Orivy
오리비

호이안 BEST COURSE

호이안 올드 타운 하루 코스

유네스코 세계 문화 유산으로 지정된 올드 타운을 좀 더 천천히
걸어 보고 구석구석 즐길 수 있는 코스다.

도보 1분··· 도보 1분··· 도보 1분··· 도보 3분··· 도보 2분···

호이안 시장 · 꽌꽁 사당 · 푸젠 회관 · 도자기 무역 박물관 · 리칭 아웃 티하우스

내원교

풍흥 고가

···도보 10분 ···도보 3분 ···도보 1분 ···도보 5분 ···도보 4분 ···도보 1분

호이안 야시장 · 팔마로사 · 마담칸 더 반미 퀸 · 호이안 박물관 · 떤끼 고가 · 느 이터리

호이안 올드 타운+비치 하루 코스

호이안 안방 비치나 끄어다이 비치에서 2~3시간의 휴양과 올
드 타운의 관광 코스다.

도보 1분··· 도보 1분··· 도보 1분··· 도보 3분··· 도보 2분···

호이안 시장 · 꽌꽁 사당 · 푸젠 회관 · 도자기 무역 박물관 · 리칭 아웃 티하우스

내원교

···도보 4분 ···도보 4분 ···택시 15분 ···도보 1분 ···택시 18분

호이안 야시장 · 더 매직 스파 · 호이안 올드 타운 · 소울 키친 · 안방 비치

스쳐 가는 곳 모두가 아름다운 호이안 고대 도시

호이안 올드 타운
Hoi An Ancient Town **Hội An Ancient Town** [호이안 올 타우]

주소 Lê Lợi, Minh An, Tp. Hội An, Quảng Nam **위치 ❶** 다낭 공항에서 호이안까지 택시 40~50분 **❷** 다낭 시내에서 택시 20~30분 **시간** 24시간 **요금** VND 120,000(통합 입장료 1인/ 약 6,000원)

호이안은 1세기부터 19세기까지 세계적인 무역항으로 유명한 곳이었다. 중국과 일본 및 네덜란드 등지에서 지나는 상선이 이곳에 정박해 물자를 보충하거나 교환하는 장이 서던 곳이다. 그중 올드 타운은 투본 강변의 아늑한 도시로 베트남, 일본, 중국 문화가 한데 어우러져 있어 아름다운 거리를 자랑한다. 호이안 올드 타운을 구경하기 위해서는 입장권을 구입해야 하는데 입장권에 포함돼 있는 사항으로는 ① 세 군데 박물관 중 한 곳, ② 세 군데 중화회관 중 한 곳, ③ 네 채의 전통 가옥 중 한 곳, ④ 전통음악 콘서트와 수공예품 워크숍 중 한 가지, ⑤ 내원교와 꽌꽁 사당 중 한 곳을 갈 수 있는 통합 입장권이다. 입장권에 유효 기간은 24시간이지만 입장권을 검사하는 직원은 날짜를 정확하게 보는 일이 드물어 여행 중 며칠 정도 사용하는 경우도 빈번하다. 낮보다 밤에 구 시가지를 방문하게 되면 입장료 검사를 안 한다고 하지만

이 또한 복불복이기 때문에 마음 편하게 여행을 하려면 애초에 입장료를 구입하는 것이 현명할 수도 있다. 오전 8:30~11:00와 오후 15:00~21:00 사이에는 오토바이를 포함한 차량 운행이 통제되기 때문에 편안하게 걷거나 자전거를 타고 다니기 좋은 시간대다. 아기자기한 건물들과 여유로움이 묻어나는 이곳은 낮에도 아름답지만 밤에는 사랑스럽다. 붉은 홍등이 골목들을 밝혀주고 있어 호이안과 사랑에 빠질 수밖에 없게 만든다. 낮에는 더위를 식히며 베트남 커피 한잔을, 밤에는 홍등 아래서 달콤 쌉싸름한 와인 한잔을 곁들고 싶게 만든다. 다낭을 여행하는 일정에서 호이안을 한 번도 안 들른 사람은 있어도 한 번만 들른 사람은 없을 정도로 매력이 넘치는 곳이다.

호이안 올드 타운 거리를 달리는 인력거

미술 작품을 파는 올드 타운 내의 한 상점

호이안의 명물인 형형색색의 홍등이 눈길을 끈다

아담하고 이국적인 베트남 문화 유산

내원교 Japanese Covered Bridge **Chùa Cầu** [쭈어 꺼우]

주소 Nguyễn Thị Minh Khai, Cẩm Phô, Tp. Hội An, Quảng Nam **위치** 쩐푸(Trần Phú) 거리의 서쪽 끝에 위치
시간 24시간 **요금** 호이안 입장료 내 포함

'멀리서 온 사람들을 위한 다리'라는 뜻을 지니고 있는 내원교다. 호이안의 상징인 목조 다리로 550년 전 일본인 마을로 가던 길로 1593년 일본인들이 지어 일본교라고도 불린다. 16~17세기 무역이 번창했을 당시 호이안에는 일본인과의 많은 왕래가 시작되면서 일본인 마을까지 생기게 됐다. 내원교 한쪽 다리에는 원숭이들이, 다른 한쪽 다리에는 개들이 조각돼 있는데 원숭이 해에 짓기 시작해서 개의 해에 공사가 끝났다는 뜻을 지녔다는 재미있는 이야기가 전해지기도 한다. 다리를 건너는 것은 무료지만 지붕 덮인 다리 안쪽에 있는 작은 사당에 입장하는 것은 입장료를 내야 한다. 과거 먼 지역에서 배를 타고 호이안으로 무역 거리를 하러 온 일본인들에게 바다와 바람은 무엇보다 중요한 자연환경이었기에 사당 안에는 바다와 바람의 신께 제사를 드리는 제단이 갖춰져 있다. 작고 아담하면서 지붕까지 덮고 있는 독특한 아치형 다리지만 베트남에서는 내원교의 위상이 대단하다. 베트남 2만 동짜리 지폐 뒷면에도 호이안 내원교가 그려져 있는 것을 볼 수 있다.

200년 된 고풍스러운 주상 복합 건물
풍흥 고가 Phung Hung Old House **Nhà cổ Phùng Hưng** [냐 꼬 풍 흥]

주소 33 Nguyễn Thị Minh Khai, Cẩm Phô, tp. Hội An, Quảng Nam **위치** 내원교에서 도보 1분 **시간** 7:30~21:00 **요금** 통합 입장권

19세기 중엽 1780년에 중국 무역상인 풍흥이 지은 집으로, 베트남 전통 양식에 중국, 일본이 혼합돼 있는 건축 양식이다. 향과 향신료, 종이, 계피, 유리, 소금, 실크를 판매하던 상점으로 현재 이르기까지 8대째 후손이 살고 있으며, 현재는 토산품점을 운영하고 있다. 지붕은 일본 건축 양식, 창문과 발코니는 중국 건축 양식, 2층 건물은 베트남 전통 양식이다. 주상 복합형의 목조 건물은 홍수가 나면 1층에서 2층으로 물건을 들어 올릴 수 있도록 2층 바닥에 창을 내었으며, 2층 발코니에서도 직접 물건을 하역할 수 있도록 만

들어져 있다. 인테리어는 고풍스러운 가구와 장식품으로 꾸며져 있고, 2층에는 조상의 위패를 모신 제단이 마련돼 있다.

따뜻한 가정집에서 먹는 한 끼
느 이터리 Nu Eatery **Nữ eatery** [누 이터리]

주소 10A Nguyễn Thị Minh Khai, Cẩm Phô, Tp. Hội An, Quảng Nam **위치** 내원교에서 서쪽 방향 첫 번째 블록에서 우회전, 작은 골목길 안쪽에 위치. 도보 2분 **시간** 12:00~21:00(월~토) **휴무** 일요일 **가격** VND 10,000(1인 기준/ 약 5,000원) **홈페이지** www.facebook.com/NuEateryHoiAn **전화** 0129-519-0190

베트남 사람들도 추천하는 맛집으로, 트립어드바이저에 늘 상위권에 있는 식당이다. 식당에 들어서면 복층 구조의 작고 따뜻한 가정집에 있는 듯한 느낌을 준다. 서양 여행자들이 간단하게 저녁을 먹으며 와인을 한잔 곁들이는 곳이기도 하다. 메뉴는 샐러드, 수프, 디저트가 있고 메인 메뉴로는 누들, 라이스, 커리 등을 고를 수 있다. 한화 약 4,000~6,000원으로 따뜻한 식사를 즐길 수 있다. 양은 많지 않아도 깔끔하고 부담 없이 먹을 수 있기 때문에 혼자 먹더라도 조용히 편안한 식사를 할 수 있다.

호이안 전통 가정식, 〈배틀트립〉의 배우 정시아가 반한 곳
오리비 Orivy [오리비]

주소 576/1 Cửa Đại, Cẩm Châu, Tp. Hội An, Quảng Nam **위치** 반미 프엉이나 미쓰리에서 도보 10분 **시간**
12:00~22:00(월~토) **가격** VND 62,000(짜조/ 약 3,100원), VND 87,000(껌가/ 약 4,400원), VND 72,000(호
완탄/ 약 3,700원), VND 62,000(화이트로즈/ 약 3,100원) **홈페이지** www.orivy.com **전화** 090-964-7070

올드 타운 한가운데 있지 않아 찾기가 다소
불편할 수도 있지만 충분히 찾아갈 만한 곳이
다. 음식이 아주 맛있기보다는 깔끔하고 정
성스러운 음식을 편안하고 고즈넉한 분위기
의 식당에서 즐길 수 있어서 좋은 곳이다. 대
체적으로 금액이 저렴한 편이고 여럿이 온다
면 단품 메뉴를 여러 개 시켜서 나눠 먹으면
좋다. 야외 테이블에는 테이블당 미니 선풍
기가 한 개씩 있고, 에어컨이 설치돼 있지는
않으니 참고하자.

한가로운 시간을 보내고 싶을 때
로지스 카페 Rosie's Cafe Quán cà phê của rosie [꾄 카페 커 로지]

주소 8/6 Nguyễn Thị Minh Khai, Tp. Hội An, Quảng Nam **위치** ❶ 응우옌티민카이(Nguyễn Thị Minh Khai)
거리의 느 이터리 골목 근처 ❷ 내원교에서 서쪽으로 도보 1분 **시간** 9:00~17:00 **휴무** 일요일 **가격** VND
50,000(로지스 콜드 브루 커피/ 약 2,500원), VND 40,000(아포가토/ 약 2,000원), VND 50,000(생과일주스류/
약 2,500원) **홈페이지** www.facebook.com/love.rosiecafe **전화** 0122-459-9545

한적한 골목에 있어 한국 관광객보다 서양 사   곳의 인기 음료는 드립 커피와 생과일주스다.
람들이 많은 카페다. 위치가 멀고 가는 길이   브런치로는 아보카도 토스트가 인기 있다.
걱정된다면 일부러 찾아갈 필요는 없지만 이

세계에서 가장 조용한 카페

리칭 아웃 티하우스
reaching out teahouse Vườn tới trà [분 또이 쯔아]

주소 131 Trần Phú, Sơn Phong, Tp. Hội An, Quảng Nam **위치** 호이안 올드 타운 내 **시간** 8:30~21:00(월 ~금), 10:00~20:30(토~일) **가격** VND 135,000(베트남 티 테이스팅 세트[녹차, 우롱, 자스민]/약 6,800원), VND 135,000(베트남 커피 테이스팅 세트/ 약 6,800원) **홈페이지** reachingoutvietnam.com **전화** 0235-3910-168

트립어드바이저에 선정된 세계에서 가장 조용한 카페다. 이곳의 종업원들은 모두 청각 장애인이라 종이와 펜 그리고 메뉴가 적힌 나무 블록만이 손님과의 의사소통을 대신한다. 신체적으로 장애를 지닌 분들이 독립적으로 살 수 있도록 지원하는 취지에서 설립된 리칭 아웃 계열의 티 하우스다. 이곳의 기본 매너는 '침묵 그리고 고요함'이다. 아무도 듣지 못한다고 해서 시끄럽고 자유롭게 떠드는 것이 아니며, '조용함이 주는 미학'을 경험할 수 있는 곳이라 해도 과언이 아니다. 카페 밖 상점가와 골목을 지나는 관광객들의 즐거운 말소리 너머로 유독 적막이 흐르는 이 공간만 시간이 멈춘 것 같은 묘한 느낌을 받을 수 있다. 바쁜 일상 속에서 열심히 달린 우리 자신에게 선물하는 잠깐의 고요함과 따뜻한 차 한잔의 여유는 우리 기억 속에 오래 남을 것이다. 직원들이 직접 만들어서 판매하는 아기자기한 소품들과 쿠키, 차도 선물용으로 구입하기 적당하다. 여행 프로그램 〈배틀트립〉 다낭편에도 나왔지만 평상시에도 찾는 고객이 많아 이른 시간대나 평일에 찾아가 보길 권장한다.

정원에서 먹는 바비큐와 생맥주
하이 카페 Hai Café Hải Café [하이 카페]

주소 111 Trần Phú, Minh An, Tp. Hội An, Quảng Nam **위치** 내원교에서 동쪽 방향으로 도보 3분, 리칭 아웃 티하우스 부근 **시간** 9:00~22:30 **가격** VND 195,000(바비큐 플래터), VND 45,000(라시) **전화** 0235-3863-210

이름이 카페라고 해서 음료나 커피를 팔 거라고 생각하면 금물이다. 하이 카페는 호이안 올드 타운에 위치한 바비큐 전문점이다. 레스토랑 입구에 들어서면 다양한 식재료를 구경할 수 있고, 숯불구이가 한창이다. 인기 메뉴로는 바비큐 플래터가 있다. 소스 2종과 함께 숯불에 구워진 돼지고기 꼬치가 5개 나온다. 곁들여 먹을 수 있는 베트남 스타일의

비빔국수도 함께 나온다. 비빔국수에는 고수가 함께 나오기 때문에 고수를 원치 않는 경우 빼 달라고 미리 말해야 한다. 전통 가옥으로 사용한 하이 카페 정원에서 먹는 저녁은 여행지에 온 느낌을 받기에 충분하다. 이곳에서 진행되는 쿠킹 클래스도 있으니 직접 음식을 만드는 것을 체험하고 싶은 사람이라면 미리 예약해서 신청해 보자.

알록달록한 등불이 밝혀 주는 카페
탐탐 카페 Tam Tam Café [땀땀 카페]

주소 110 Nguyễn Thái Học, MinhAn, Hội An, Quảng Nam **위치 ①** 내원교에서 도보 4분 **②** 박당(Bach Đằng) 거리 남쪽 방향 끝에서 응우옌타이혹(Nguyễn Thái Học)으로 100m 직진 **시간** 8:00~24:00 **가격** VND 30,000(카페 다[Cafe da]: 아이스 아메리카노/ 약 1,500원), VND 35,000(카페 쓰어다[Cafe Sue da]: 연유가 들어간 아이스커피/ 약 1,800원), VND 40,000(티라미수/ 약 2,000원) **홈페이지** www.tamtamcafe-hoian.com **전화** 0235-3862-212

다낭에 콩 카페가 있다면, 호이안에는 탐탐 카페가 있다고 할 정도로 인기 있는 커피집이다. 투본강 근처에 위치하며 바로 옆에는 유명한 모닝 글로리 레스토랑이 있다. 호이안에서 등이 제일 예쁜 곳이 탐탐 카페 앞이라는 말이 나올 정도로 입구와 거리에 알록달록한 등불을 장식해 놨다. 내부는 1층과 2층으로 구분되는데, 2층에서는 식사를 주문할 때 이용할 수 있다. 카페 덴 농Cafe Đen Nóng은 커피 빈으로 내린 블랙커피로, 아주

진해 뜨거운 물을 섞어 마시는 것을 권장한다. 이곳 티라미수도 맛있다는 평이 있다.

무난한 맛에 비해 유명한 식당
모닝 글로리 MORNING GLORY Vinh quang Buổi sáng [빈 꽝 부 상]

주소 106 Nguyễn Thái Học, Minh An, Tp. Hội An, Quảng Nam **위치** ❶ 내원교에서 도보 4분 ❷ 박당(Bach Đằng) 거리 남쪽 방향 끝에서 응우옌타이혹(Nguyễn Thái Học)으로 100m 직진, 탐탐 카페 옆 **시간** 11:00~23:00 **가격** VND 300,000~400,000(2인 기준/ 약 15,000~20,000원) **홈페이지** msvy-tastevietnam.com/morning-glory **전화** 0235-2241-555

사람들에게 잘 알려진 호이안 맛집 리스트 중 하나다. 화이트로즈, 반쎄오, 모닝글로리, 완톤, 넴루이가 유명하며 현재 2호점도 운영 중이다. 다른 로컬 맛집보다는 금액이 다소 비싼 편이지만 예약을 안 하면 안 될 정도로 인기가 많다. 모닝 글로리 레스토랑에서 모닝글로리가 다 떨어졌다는 얘기를 종종 들을 수 있는 곳이기도 하다. 이곳에서 이국주와 슬리피의 〈원나잇 푸드트립〉 프로그램을 촬영한 후 사람들의 기대가 한층 더 높아진 곳이지만 기대에 비해 맛은 무난하다. 특별히 맛있거나 맛없지도 않지만 다양한 요리를 맛볼 수 있다는 장점이 있다.

200년이 지나도 여전한 삶의 장소
떤끼 고가 Tan Ky Old House Nhà cổ Tấn Ký [냐 꼬 떤키]

주소 101 Nguyễn Thái Học, Minh An, Tp. Hội An, Quảng Nam **위치** 내원교에서 도보 3분 **시간** 8:00~21:00 **요금** 통합 입장권

중국 광동성 출신의 어부가 살았던 집으로, 18세기에 지어졌으며 현재까지 후손들이 살고 있다. 떤끼 고가의 특징은 1층에 차양이 있는 전통 가옥으로, 좁고 기다란 구조의 2층 건물이다. 건설 당시에는 실크, 차, 목재, 계피, 한약재 등을 판매하는 상점으로도 쓰였다. 출입문이 2개가 있는데 정문은 도로를 향해 있고, 후문은 투본강을 향하고 있는데 정문은 호이안 상인들이, 후문은 정박한 배에 물건을 싣기 위한 외국인 상인들이 즐겨 이용했다. 집 한가운데에는 작은 마당과 우물이 있고, 한쪽 벽면에는 호이안 마을이 홍수가 났을 때를 보여 주는 사진과 더불어 물이 들어온 높이까지 표시해 두었다. 잦은 홍수에도 건축을 지을 때 사용한 나무들이 썩지 않고 200년 이상 보존돼 있는 이유는 침향나무를 써서 침수가 돼도 썩지 않는다고 전해진다.

베트남과 서양의 조화를 이루는 카페 레스토랑

더 카고 클럽 THE CARGO CLUB Câu lạc bộ Hàng hóa [꺼럭보항화]

주소 107-109 Nguyễn Thái Học, Minh An, Tp. Hội An, Quảng Nam **위치** 호이안 올드 타운 초입 탐탐 카페 맞은편 **시간** 8:00~23:00 **가격** VND 25,000~(커피류/ 약 1,000원~), VND 40,000~(맥주/ 약 2,000원~), VND 75,000(화이트로즈/ 약 3,800원), VND 85,000(완탄/ 약 4,300원) **홈페이지** msvy-tastevietnam.com/cargo-club **전화** 0235-391-1227

2층 테라스 자리에서 보는 호이안과 투본강 야경이 좋아 예약은 필수다. 특히 해 질 무렵 인 저녁 6~8시가 가장 핫하다. 1층과 지하 에는 사진과 그림이 전시 및 판매되고 있다.

아침 8시부터 영업을 시작해 브런치도 즐길 수 있어 현지 사람들보다는 외국인들이 많이 찾는 곳이다. 브런치로는 에그 베네딕트가 인기 있다.

독특한 칵테일 리스트가 있는 곳

큐 바 Q Bar Thanh Q [탄 퀴]

주소 94 Nguyễn Thái Học, Minh An, Hoi An City, Quảng Nam **위치** 내원교에서 도보 4분, 라이스 드럼 옆 **시 간** 11:30~다음날 4:00 **가격** VND 120,000~150,000(와인 및 칵테일류/ 약 6,000~7,500원), VND 50,000(맥 주류/ 약 2,500원) **전화** 0235-3911-964

서양인들이 많이 찾는 곳으로 등불이 예쁘 게 켜진 호이안에서 분위기 좋게 칵테일 한 잔 할 수 있다. 내부는 전체적으로 세련된 인 테리어로 붉은빛과 초록빛의 조명으로 이곳

만의 묘한 매력을 느낄 수 있으며, 호이안에 서 제일 늦게까지 문을 여는 곳이라 밤이 깊 어질수록 사람들의 열기는 더해진다. 편안한 분위기에서 신나게 밤을 지새울 수 있는 곳.

투본강 분위기에 취해 사치를 부리고 싶은 곳
라이스 드럼 Rice Drum Trống Gạo [쫑 가우]

주소 75 Nguyễn Thái Học, Minh An, Tp. Hội An, Quảng Nam **위치** 레러이(Lê Lợi) 거리를 따라 투본강 쪽으로 걸으면 강변가에 위치 **시간** 8:00~23:00 **가격** VND 60,000(튀긴 스프링롤/ 약 3,000원), VND 40,000(모닝 글로리 샐러드 [공심채]/ 약 2,000원), VND 50,000(완탄/ 약 2,500원), VND 40,000(카페 쓰어 다/ 약 2,000원), VND 120,000~380,000(세트 메뉴/ 약 6,000~19,000원) **홈페이지** ricedrum.com **전화** 0235-3862-999

모닝 글로리, 미쓰리 레스토랑이 한국 사람들에게 맛집으로 알려진 친숙한 곳이라면, 라이스 드럼은 서양 사람들의 인기를 한 몸에 받고 있는 레스토랑이다. 1층과 2층으로 구분되는데 1층 야외석부터 2층 테라스석까지 각기 매력을 뽐낸다. 무엇보다 2층에서 투본강을 바라보고 있으면 비싼 음식이라도 마구 주문하고 싶은 충동이 들지도 모른다. 메뉴판은 영어로 되어 있고, 전체적으로 음식들은 깔끔하게 나온다. 오전에는 브런치를 먹을 수 있어서 낮이나 밤이나 분위기만으로도 충분히 매력적인 곳이다.

와인 한잔 곁들이기 좋은 곳
화이트 마블 레스토랑 앤 와인 바
White Marble Restaurant & Wine Bar NHÀ HÀNG ĐÁ TRẮNG [냐 항 자 짱]

주소 98 Lê Lợi, Minh An, Tp. Hội An, Quảng Nam **위치** 떤끼 고가에서 도보 2분, 레러이(Lê Lợi) 거리에 위치 **시간** 7:00~23:00 **가격** VND 115,000~150,000(글래스 와인/ 약 5,750~7,500원) **전화** 0235-391-1862

분위기가 좋고 예쁜 와인 바. 음식으로는 베트남식과 프랑스 이탈리안 퓨전 요리가 있다. 올드 타운 내에서 조용히 와인 한잔 마시기 좋은 곳으로, 두부 음식과 망고샐러드가 맛있기로 소문난 곳이기도 하다. 시끄러운 펍보다 조용한 바를 선호한다면 추천한다.

코코 박스 2호점

마음을 빼앗긴 카페

코코 박스 COCO BOX Hộp Dừa [홉 드아]

1호점 **주소** 94 Lê Lợi, Minh An, Tp. Hội An, Quảng Nam **위치** 내원교에서 동쪽 방향으로 도보 4분 **시간** 7:00~22:00 **휴무** 일요일 **가격** VND 40,000~50,000(커피류/ 약 2,000~2,500원), VND 60,000~75,000(스무디류/ 약 3,000~3,800원), VND 30,000~40,000(차류/ 약 1,500~2,000원) **홈페이지** www.cocobox.vn **전화** 0235-3862-000

2호점 **주소** 3 Châu Thượng Văn, Minh An, Minh An Tp. Hội An, Quảng Nam **위치** 내원교에서 동쪽 방향으로 도보 1분 **전화** 0235-3864-000

호이안 올드 타운을 구경하다 보면 세련된 인테리어로 시선을 끄는 예쁜 카페다. 코코 박스는 호이안에 놀러 왔다가 마음을 빼앗긴 외국인 부부가 차린 카페로 커피나 음료 이외에도 샐러드, 샌드위치를 비롯한 다양한 잼과 차 종류를 판매하고 있어서 신선한 느

낌을 준다. 대부분 일찍 문을 닫는 올드 타운 내 상점들에 비해 코코 박스는 아침부터 밤까지 환하게 불을 밝히고 있다. 뜨거운 날씨 속 잠시나마 시원한 음료를 마시며 더위를 식힐 수 있는 곳이다.

코코 박스 1호점

Japanese Bridge점

호이안 스타일의 스타벅스
호이안 로스터리 HOI AN ROASTERY [호이안 로스터리]

Japanese Bridge **주소** 135 Trần Phú, Minh An, Tp. Hội An, Quảng Nam **위치** 내원교에서 동쪽 방향으로 도보 4분 **시간** 7:00~22:00 **가격** VND 10,000(1인 기준/ 약 5,000원) **홈페이지** hoianroastery.com **전화** 0235-3927-772

Temple **주소** 685 Hai Bà Trưng, Cẩm Châu, Tp. Hội An, Quảng Nam **위치** 내원교에서 동쪽 방향으로 두 번째 블록에서 하이바쯩(Hai Bà Trưng) 거리로 좌회전, 도보 2분 **전화** 0235-3927-277

Center **주소** 47 Lê Lợi, Minh An, Tp. Hội An, Quảng Nam **위치** 내원교에서 동쪽 방향으로 직진 후 레러이(Lê Lợi) 거리로 우회전 **전화** 0235-3927-727

3년 전까지만 해도 1개의 지점으로 운영되더니 어느덧 올드 타운 내에 3호점까지 생겼다. 마치 스타벅스를 연상케하는 유니폼부터 커피 전문점을 연상하게 한다. 실내에 에어컨이 있어 더운 날씨 속 더위를 피해 커피로 한숨 돌리기 좋으며, 이곳만의 분위기가 좋아 방문하는 사람들도 많다. 겉보기에는 커피 같아 보이지 않지만 마셔 보면 고소함과 달콤함, 부드러움 삼박자를 고루 갖춘 '에그 커피'와 드리퍼로 직접 내려 먹는 '카페 쓰어다'는 이곳에서 인기 있는 메뉴다. '코코넛 커피'도 유명하지만 다낭 콩 카페에 있는 코코넛 커피보다 못하다는 평이 많다.

Japanese Bridge점 내부

거부감 없이 즐길 수 있는 베트남식 레스토랑
닥산 호이안 Dac San Hoi An ĐẶC SẢN HỘI AN [닥산 호이안]

주소 89 Trần Phú, Minh An, Tp. Hội An, Quảng Nam **위치** 내원교에서 동쪽 방향으로 도보 5분, 쩐푸(Trần Phú) 거리 내 위치 **시간** 8:00~22:00 **가격** VND 70,000~120,000(2인 기준/ 약 3,500~6,000원) **전화** 0235-3861-533

베트남식을 처음 접하는 외국인이라면 부담 없이 즐길 수 있는 레스토랑이다. 중국 식당의 분위기가 나는 실내 인테리어로 실내와 야외가 있고, 실내에는 선풍기가 있다. 금액이 저렴해서 간단하게 한 끼 먹을 수 있는 곳이다. 1층과 2층으로 나뉘어져 있으며, 노을이 지는 시간에는 2층 전망이 좋아 차분한 식사를 할 수 있다.

바다의 실크 로드 박물관
도자기 무역 박물관
Museum of Trade Ceramics **Bảo tàng Gốm sứ Hội An** [바오 땅 곰 수 호이안]

주소 80 Trần Phú, Minh An, Tp. Hội An, Quảng Nam **위치** 내원교에서 도보 5분 **시간** 8:00~17:00 **요금** 통합 입장권

무역항 호이안을 증명하는 박물관으로, 동쪽으로 중국과 일본, 서쪽으로 인도와 이슬람에서 건너온 도자기들이 전시되어 있는 곳이다. 소장 도자기의 대부분은 과거 무역항이었던 호이안 주변에서 발굴된 것과 침몰선에서 인양된 것들이다. 특히 13~17세기에 생산된 도자기들이 많이 전시되어 있으며, 무역 박물관인 만큼 도자기뿐 아니라 도자기

무역 경로도 엿볼 수 있다. 베트남과 일본, 그리고 중국 사이에 있었던 도자기 해상 무역을 증명해 주는 유물을 감상할 수 있다. 오래된 목조 가옥을 개조한 박물관은 호이안의 풍경과도 잘 어우러진다. 또한 2층 전시실에서 내려다보는 호이안 옛 거리의 모습과 지붕선이 인상적이다.

큰 규모와 화려함을 자랑하는 회동 회관
푸젠 회관 Phuoc Kien Assembly Hall **Hội Quán Phúc Kiến** [호이 퀀 복 건]

주소 46 Trần Phú, Minh An, Tp. Hội An, Quảng Nam **위치** 내원교에서 도보 7분 **시간** 8:00~17:00 **요금** 통합 입장권

1690년도에 푸젠성 출신의 중국인들이 지은 회동 장소이자 신을 모시는 사원으로 호이안에 있는 향우 회관 중 가장 큰 규모의 회관이다. 여러 가지 색깔의 도자기 파편을 이용한 조각품을 비롯한 다양한 부조물과 향로 등 크고 화려하게 꾸며져 있는 게 이곳의 특징이다. 본전에는 안전한 항해를 기원하는 천후성모 티엔허우Thiên Hậu가 모셔져 있

고, 배가 이동하는 소리를 들을 수 있는 투언 풍니Thuận Phong Nhĩ와 멀리 있는 배들을 볼 수 있는 능력을 지닌 티엔리냔Thiên Lý Nhãn 신을 모시는 사당도 갖춰져 있다. 안뜰에는 화석과 화분으로 정원도 꾸며 놓았으며, 볼거리가 많은 회관 중 하나로 꼽힌다. 푸젠 회관에 있는 화장실은 유료로 이용해야 한다 (VND 2,000/ 약 100원).

작고 귀여운 과일 주스 바
쭈쭈 chu chu [쮸쭈우]

주소 74 Trần Phú, Minh An, Tp. Hội An, Quảng Nam **위치** 내원교에서 동쪽 방향으로 도보 5분. 쩐푸(Trần Phú) 거리 74번지에 위치 **시간** 9:00~21:00 **가격** VND 50,000(망고 스무디/ 약 2,500원), VND 55,000(모히토/ 약 2,750원) **홈페이지** www.facebook.com/chuchuhoian **전화** 0126-542-2415

신선한 과일을 이용한 스무디와 달달한 베트남 커피로 더위를 식히기에 적당하다. 베트남 전통 가옥을 개조한 작은 카페로 여행지 느낌도 물씬 난다. 생과일이 듬뿍 담긴 주스 한잔으로 더운 여름날 당을 보충해 보자.

호이안의 아침을 깨우는 현지 시장
호이안 시장 Hoi An Market **Chợ Hội An** [쪼 호이안]

주소 Trần Quý Cáp, Minh An, Tp. Hội An, Quảng Nam **위치** 내원교에서 도보 8분 후 히에우바이메이라이 (Hiệu Vải May Lai) 거리에서 우회전하여 짠꾸이깝(Trần Quý Cáp)에 위치 **시간** 8:00~19:00 **요금** 무료

호이안의 아침을 깨우는 현지 재래시장이다. 이른 아침에는 물건을 파는 상인들과 아침 장을 보기 위한 현지인들로 붐빈다. 베트남은 하루가 지날수록 많은 관광객이 찾아오고 화려한 네온사인으로 장식하는 가게들이 늘고 있지만 아직까지는 그 어느 곳보다 가장 현지스럽고 베트남 사람들의 삶의 터전을 오롯이 느낄 수 있는 곳이다. 저녁 7시까지 운영하기 때문에 꼭 이른 아침이 아니더라도 여행 중 열대 과일을 마음껏 사 먹고 싶을 때

나 현지 음식을 저렴하게 먹고 싶다면 방문하기 좋은 곳이다.

호이안의 밤을 밝히는 홍등의 향연
호이안 야시장 Hoi An Night Market **Hoi một chợ đêm** [호이 못 쪼 뎀]

주소 Nguyễn Hoàng, An Hội, Minh An, Tp. Hội An, Quảng Nam **위치** 내원교에서 도보 4분, 강변 방향으로 아래 쪽으로 안호이 다리(Cầu An Hội)를 건너 응우옌퍽쭈(Nguyễn Phúc Chu) 거리 방향으로 걷다가 망고 망고 레스토랑이 있는 삼거리에서 왼쪽에 위치 **시간** 17:00~23:00 **요금** 무료

안호이 섬에 위치한 호이안 야시장은 투본강 건너편에 자리 잡고 있다. 매일 저녁 17:00부터 응우옌호앙Nguyễn Hoàng 거리에 수십 개의 노점이 들어선다. 입구부터 홍등이 거리를 밝혀 주고 있어 홍등을 배경 삼아 사진을 찍는 관광객을 볼 수 있다. 야시장 규모는 크지는 않으나 기념품부터 옷, 간식 등을 구입할 수 있으니 저녁 일정에 마사지를 받고 잠깐 들르길 추천한다.

중국 동포의 향우회 장소
광조 회관 Cantonese Assembly Hall Hội trường Quảng Đông [호이 쯔 꽝 렁]

주소 176 Trần Phú, Minh An, Tp. Hội An, Quảng Nam **위치** 내원교에서 동쪽 방향으로 도보 1분 **시간** 7:00~17:30 **요금** 통합 입장권

많은 자료에서 광동 회관으로 오기하고 있지만 광조 회관이 옳다. 광동 출신의 중국 상인들이 1885년에 해상 무역을 하다가 호이안에 정착하여 건설했다. 호이안에는 여러 향우 회관이 있지만 그중에서도 광조 회관은 화려한 색감이 돋보인다. 특이한 점은 건물의 각 부분을 중국에서 만든 후 호이안으로 옮겨 와서 완성시켰다는 점이다. 건물 안으로 들어가면 삼국지의 관우, 유비, 장비의 도원결의라는 그림과 광동 상인들의 사진이 걸려 있다. 태풍으로부터 상인

들을 보호해주는 티엔허우 여신상과 관우의 동상이 자리잡고 있다. 현재는 중국 동포들의 향우회 장소이자 제단으로 사용되고 있다.

관우를 모시는 사당
꽌꽁 사당 Quang Cong Tempel Quan Công Miếu [꽌 꽁 미에 우]

주소 24 Trần Phú, Minh An, Tp. Hội An, Quảng Nam **위치** 내원교에서 동쪽 방향으로 도보 7분, 쩐푸(Trần Phú) 거리와 응우옌후에(Nguyễn Huệ) 거리가 만나는 사거리에 위치 **시간** 7:30~17:30 **요금** 통합 입장권

우리에게 잘 알려진 삼국지에 나오는 관우를 모신 사당으로 관운장 사원이라고도 부른다. 1653년 건립한 이 사원은 삼국지에 등장하는 수많은 인물들 중에서도 유일하게 신으로까지 추앙받는 관우를 베트남 땅에서까지 모시고 있다는 사실은 중국인들이 관우에 대한 존경심과 사랑이 짐작할 수 있는 부분이다. 춘궁 Quan Cong 성전은 음력에 따라 일 년에 두 번 열린다. 음력 1월 13일과 음력 6월 24일이다. 이 축제는 전국 각지의 많은 신자와 순례자를 매료시킨다. 광조 회관의 사원과 비슷하나 조금 더 디테일한 부분이 눈에 띈다. 관운장의 아들인 관평과 관우의 오른

팔이었던 주창의 거대한 동상이 관운장을 보좌하고 있다. 재단 양쪽으로는 백마 한 마리와 적토마 한 마리가 실제 크기로 만들어져 있다. 백마는 관우가 생전에 적토마를 하사받기 전까지 타고 다닌 말이다. '사람 중에는 여포, 말 중에는 적토마'라는 말이 있을 정도로 적토마의 훌륭함은 유명하다. 위치는 푸젠 회관에서 도보로 약 2분 정도의 거리에 있으며, 호이안 시장 맞은편에 위치하고 있다. 꽌꽁 사당은 수차례 재건(1753, 1783, 1827, 1864, 1904, 1966년)을 통해 보존되고 있으며, 1991년 11월 29일 역사 문화 유적지로 공인을 받았다.

호이안의 과거를 엿볼 수 있는 곳
호이안 박물관 Hoi An Museum **Bảo tàng Hội An** [바오 탕 호이안]

주소 10B Trần Hưng Đạo, Sơn Phong, Tp. Hội An, Quảng Nam **위치** 내원교에서 동쪽 방향으로 두 번째 블록을 지난 후 하이바쯩(Hai Bà Trưng) 거리로 좌회전하여 300m 걷다가 키미 테일러(Kimmy Tailor)에서 우회전 하여 짠흥다오(Trần Hưng Đạo) 거리에 위치 **시간** 8:00~17:00 **요금** 통합 입장권

참파 왕조 시대부터 구엔 왕조 시대에 걸쳐 유럽과 아시아를 연결하는 국제 무역항으로 발전한 호이안의 과거를 이해할 수 있는 곳이다. 예전 사원 건물을 이용해 아담한 규모지만 내용면에서 잘 갖춰져 있다. 삼국지의 관우를 모신 꽌꽁 사원과 바로 붙어 있으며, 17세기 만들어졌던 사원 건물에 들어서 있다. 박물관 입구에는 관광객을 맞이하고 있는 소형 철포의 모습을 볼 수 있다. 내부에는 국제 무역항으로 활발히 사용됐던 각종 유물들을 비롯해 편종, 도자기, 농기구 등이 전시돼 있고, 사진 자료도 충분히 갖춰져 있다. 박물관 한편에는 약 1,800~1,900여 년 전 서한 시기 중국에서 만들어진 동전의 파편도

볼 수 있다. 비록 파손돼 조각만 남은 동전이지만 당시 중국과 베트남 사이의 국제 무역을 증명하고 있는 귀중한 유물이다. 우리가 쉽게 접할 수 없는 참파 왕국의 유물까지 알차게 만날 수 있다. 큰 건물에 비해서 전시품이 적은 편이지만 옥상(4층)을 개방해 옥상에 올라 호이안 전체를 조망하면 좋다.

호이안 대표 맛집
미쓰리 MISS LY [미쓰 리]

주소 22 Ngẫu Nhiên, Minh An, Hội An, Quảng Nam **위치** 내원교에서 동쪽 방향으로 500m 직진 후 냐메이투타오(Nhà May Thư Thảo)에서 좌회전하여 응우옌후에(Nguyễn Huệ) 거리에 위치 **시간** 8:30~22:00 **가격** VND 200,000~400,000(2인 기준/ 약 10,000~20,000원), VND 60,000(화이트로즈/ 약 3,000원) VND 100,000(프라이드 완탄/ 약 5,000원), VND 85,000(모닝글로리/ 약 4,300원) **전화** 0235-3861-603

1993년도에 오픈해 20년 동안 꾸준히 인기를 누리고 있는 호이안의 대표 맛집이다. MSG를 첨가하지 않는 요리를 비롯해 분위기도 좋아 서양 사람들에게 인기가 많다. 내부는 아담해 많은 인원을 수용할 수는 없지만 바로 옆 2호점까지 운영하고 있어 이곳의 인기를 가늠할 수 있다. 식사 시간에 찾아간다면 대기 시간이 길어 미리 예약을 하는 편이 좋다. 대표 인기 메뉴로는 까오러우Cao

lau, 화이트로즈White rose 그리고 이곳의 시그니처 메뉴인 프라이드 완탄Fried wonton이 있다. 신선한 재료와 토마토소스가 바삭하게 튀긴 완탄과 너무 잘 어우러 져 한 사람당 한 접시는 기본으로 먹을 수 있다. 미쓰리의 메뉴는 한국인 입맛에도 잘 맞아 다양한 음식을 도전해 봐도 좋다. 단, 카드로는 결제가 되지 않으니 참고하자.

아름다운 테라스에서 보내는 조용한 시간

더 힐 스테이션 델리 앤 부티크
The Hill Station Deli & Boutique [더 힐 스테이션 델리 바 부띠끄]

주소 321 Nguyễn Duy Hiệu, Sơn Phong, Tp. Hội An, Quảng Nam **위치** 반미 프엉에서 도보 3분. 응우 옌주이히에우(Nguyễn Duy Hiệu) 거리로 위치 **시간** 7:30~23:00 **가격** VND 45,000~55,000(커피류/ 약 2,250~2,750원), VND 55,000(주스류/ 약 2,750원), VND 95,000~115,000(브런치/ 약 4,750~5,750원) **홈페 이지** thehillstation.com **전화** 0235-6292-999

베트남 사파 지역과 하노이 그리고 호이안에 있는 커피숍이다. 사파 지역에서는 호텔도 같 이 운영하고 있다. 더 힐 스테이션은 2층 구조 로 되어 있으며, 2층에는 크고 시원하게 뚫린 테라스를 통해 빛과 바람이 들어오는 여유를 느낄 수 있다. 곳곳에 이국적인 소품과 인테 리어가 이곳을 더 아름답게 해준다.

호이안 3대 반미집

반미 프엉 Banh Mi Phuong **BÁNH MÌ PHƯỢNG** [반미푸엉]

주소 2B Phan Châu Trinh, Minh An, tp. Hội An, Quảng Nam **위치** 내원교에서 동쪽 방향으로 두 번째 블록 을 지난 후 하이바쯩(Hai Bà Trung) 거리로 좌회전하여 160m 걷다가 냐마이베베(Nhà May Bebe)에서 우회전 하여 판쩌우찐(Phan Châu Trinh) 거리에 위치 **시간** 6:30~21:30 **가격** VND 20,000~25,000(반미 1개 기준/ 약 1,000~1,500원) **전화** 0905-743-773

베트남식 샌드위치인 반미를 파는 곳인데 유 독 이 식당 앞 골목만 인산인해를 이루고 있 다. 하지만 대기 시간이 그리 길지 않다. 대부 분 포장을 해 가는 현지인들이고, 내부에는 간단히 배를 채우려는 사람들이기 때문에 회 전율이 빠른 편이다. 주문은 원하는 번호를 말하면 큰 바게트 빵에 주문한 재료를 아낌 없이 넣어 주는데 바게트가 질기거나 딱딱하 지가 않고, 속 재료를 취향에 따라 주문할 수 있다. 3번: 여러 가지 고기를 넣은 반미, 5번: 바비큐 반미, 6번: 그릴드 소시지 반미, 7번: 오믈렛 반미 등이 있다. 무난한 맛을 원하면 5번과 6번을 추천한다. 고수를 빼기 원하면 주문 시 말하면 된다. 메뉴 선택에 따라 호불 호가 나뉘니 기호에 맞게 선택하면 된다.

호이안 3대 반미집 중 한 곳
마담 칸 더 반미 퀸 Madam Khanh The Banh Mi Queen
MADAM KHANH THE BÁNH MÌ QUEEN [반미 퀸]

주소 115 Trần Cao Vân, Sơn Phong, Tp. Hội An, Quảng Nam **위치** 내원교에서 동쪽 방향으로 두 번째 블록을 지난 후 하이바쯩(Hai Bà Trưng) 거리로 좌회전하여 400m 걷다가 지머(Gymer)에서 우회전하여 걷다가 호앙쯩 바버숍(Hoang Trung Barbershop)에서 좌회전한 거리에 위치 **시간** 8:00~19:00 **가격** VND 20,000(반미 1개 기준 / 약 1,000원), VND 15,000(콜라 / 약 750원) **전화** 090-666-0309

호이안 3대 반미로 반미프엉이 가장 인기 있는 곳인데 여행 프로그램 〈배틀트립〉 다낭편에 나온 이후로 찾는 사람이 더 늘어났다. 마담 칸 더 반미 퀸은 30년 전통을 자랑하는 곳으로 반미의 여왕이라는 80세 사장님의 이름을 따서 만들었다. 최근 지어진 호이안 빈펄 리조트와도 5분 거리로 가까워서 음료도 비교적 저렴한 금액으로 가볍게 식사 겸 간식으로 먹기에 안성맞춤이다. 테이블 수는 총 6개로 18명이 앉을 수 있지만, 더운 날씨에는 포장해서 숙소에서 먹는 것을 추천한다.

호이안에서 저렴하고 깔끔한 국수 전문점
퍼 쓰아 Pho Xua **Phố Xưa** [포 슈아]

주소 35 Phan Châu Trinh, Minh An, Tp. Hội An, Quảng Nam **위치** 내원교에서 동쪽 방향으로 400m 직진후 도자기 무역 박물관과 쭈쭉 사이 골목으로 끝까지 직진하여 판쩌우찐(Phan Châu Trinh) 거리에 위치 **시간** 10:00~21:00 **가격** VND 100,000~180,000(2인 기준 / 약 5,000~6,000원) **홈페이지** www.facebook.com/Phoxuahoianvietnam **전화** 090-3112-237

쌀국수(퍼보)와 닭고기 쌀국수(퍼가)를 기본으로 하는 현지 식당이다. 그 밖에 까오러우, 껌가 등 다양한 현지 음식도 맛볼 수 있다. 메뉴판은 사진과 영어로 보기 쉽게 되어 있기 때문에 외국인 여행객들이 손쉽고, 간편하게 그리고 무엇보다 저렴하게 현지 음식을 먹을 수 있다. 국수 전문점인 만큼 다른 메뉴들보다도 국수를 추천한다.

현지인들도 추천하는 반쎄오 로컬 맛집

베일웰 BALE WELL [베일 웰]

주소 45/51 Trần Hưng Đạo, Minh An, Thành phố Hội An, Quảng Nam **위치** 호이안 올드 타운 중심에서 쩐 가 사당을 지나 좁은 골목 안쪽 **시간** 9:00~23:00 **가격** VND 120,000(1인 기준 / 약 6,000원) **전화** 0235-3854-443

베일웰이라고 불리는 20년 전통을 그대로 이어 가고 있는 로컬 맛집이다. 현지 사람들이 꼭 먹어 봐야 한다고 추천하는 식당이다. 음식은 인원수에 따라 착석과 동시에 알아서 반쎄오 한 상차림이 자동 주문 되어지기 때문에 따로 메뉴를 주문할 필요가 없다. 추가로 주문해야 하는 건 먹고 싶은 음료나 술이다. 테이블 위로 메뉴가 준비되면 직원이 와서 친절하게 반쎄오를 먹는 방법까지 알려 주니 두려워 말고 도전하는 걸 추천한다. 각종 채소, 베트남식 김치, 반쎄오, 짜조, 넴 느엉(꼬치구이), 라이스페이퍼가 준비되는데 이러한 각종 채소와 고기, 짜조를 라이스 페이퍼에 놓고 돌돌 말아 먹는 방법이다. 무엇보다도 곁들여 먹는 소스가 일품이다. 실내, 실외 테이블이 있지

만 실내에도 에어컨이 따로 설치돼 있지는 않고 선풍기만 있기 때문에 낮에 찾아간다면 더운 것쯤은 감안하고 먹어야 한다.

> **TIP** 반쎄오 먹는 방법!
> ① 라이스페이퍼 2장에 반쎄오를 펴서 올린다.
> ② 펴진 반쎄오 사이에 허브와 상추 등 채소와 꼬치구이를 추가한다(짜조를 같이 넣어도 됨).
> ③ 그대로 돌돌 말아 준다.
> ④ 소스를 원하는 만큼 찍어 먹는다.

비밀스러운 요새를 찾아서
시크릿 가든 Secret Garden **Khu Vườn Bí Mật** [쿠 분 비 맛]

주소 60 Lê Lợi, Minh An, Tp. Hội An, Quảng Nam **위치 ❶** 내원교에서 동쪽 방향으로 210m 직진 후 A-Mart 에서 좌회전하여 나오는 작은 골목으로 100m이동 **❷** 파이포 커피 옆 길, 코펜하겐 딜라이트 맞은편 골목 안 쪽 **시간** 8:00~24:00 **가격** 3만 원 내외(2인 기준), VND 278,000(갈릭 프라이드 크랩/ 약 14,000원), VND 68,000(튀긴 면과 W-시푸드[Sauteed noodles w-seafood]/ 약 3,500원) **홈페이지** secretgardenhoian.com **전 화** 0235-3911-112

보물찾기의 느 낌을 주는 기분 좋은 레스토랑 이다. 깊숙한 골 목을 따라 들어 가 보면 어느덧 작은 연못과 정원이 딸린 오 픈형 레스토랑에서 사람들이 여유롭게 식사 를 하는 모습을 볼 수 있다. 넓은 공간 속은은 한 조명과 덩굴이 가득해 마치 숲속에 있는 기분까지 든다. 베트남 음식을 먹을 수 있고,

음식의 맛은 준수한 편이다. 하우스 와인을 한잔 곁들이기에도 좋다.

중국과 일본의 조화를 이루는 진(陳) 씨 가문의 사당
쩐가 사당 Tran Family Chapel **Nhà thờ tộc Trần** [냐 터 톡 쩐]

주소 21 Lê Lợi, Minh An, Tp. Hội An, Quảng Nam **위치** 내원교에서 동쪽 방향으로 270m 직진후 호이안 로 스터리 센터점 반대 방향에 위치, 도보 6분 **시간** 7:00~21:00 **요금** 통합 입장권 포함

18세기 중국에서 베트남으로 이주한 쩐(진) 씨 일족은 베트남에서 관직 생활을 하면서 1802년 쩐 뜨 냑Trần Tứ Nhạc이 지은 건물 이다. 쩐 씨는 베트남에서 두 번째로 흔한 성 씨며, 가장 많은 성은 응우옌 씨다. 사당은 크게 두 건물로 되어 있는데 한 곳은 지금도 쩐 씨 가족들이 살고 있는 공간이며, 다른 한 곳은 관광객들을 위한 공간으로 구분된다. 1802년 만들어졌을 당시 모습이 그대로 재 현돼 있는 방부터 200여 년 전 이곳에 넘어 와 이민자의 삶을 시작한 쩐 씨의 조상들을 기리기 위한 재단까지 갖춰져 있다. 쩐가 사 당은 중국 건축 양식과 일본 건축 양식의 조 화를 이루고 있는 점이 독특하다. 전체적으 로는 중국 건축 양식을 따르면서 지붕을 받 쳐 주는 서까래가 가로로 3개, 세로로 5개(손

가락을 상징) 형식으로 만들어진 부분이 전형 적인 일본 건축 기법이라고 전해진다. 명절 이 되면 쩐 씨 성을 가진 중국계 베트남인들 이 이곳을 찾아 제사를 지낸다. 영어를 할 수 있는 상주인들이 있어 방문할 때 상주인을 마주치게 되면 영어로 안내를 받을 수 있는 혜택도 주어진다.

따뜻한 마음을 담은 레스토랑
스트리츠 STREETS [스트리츠]

주소 17 Lê Lợi, Minh An, Hoi An City, Quảng Nam **위치** 쩐가 사당에서 북쪽으로 약 30m 정도 도보 이동 후 레러이(Lê Lợi) 거리 17번지에 위치 **시간** 12:00~22:00 **가격** VND 85,000(반쎄오/ 약 4,300원), VND 75,000(화이트로즈/ 약 3,800원), VND 80,000(달랏 상그리아 1잔/ 약 4,000원), VND 25,000~45,000(음료/ 약 1,300~2,300원) *전체 금액의 10% 부가세 별도 **홈페이지** www.streetsinternational.org/home/28-history-streets-international.html **전화** 0235-3911-948

NGO 단체 스트리츠 인터내셔널에서 불우한 가정과 아이들에게 교육의 기회를 제공하기 위해 운영하는 레스토랑이다. 요식업종에 취업을 위해 18개월 동안 교육생들이 실습하며 서빙을 하는 곳이다. 캐주얼한 분위기에 깔끔하고 맛있는 음식을 맛볼 수 있고, 야외 테이블은 2개뿐이라 경쟁이 치열하다. 아이들을 후원하는 레스토랑이라 저렴하지는 않지만 메뉴 한 개당 4,000~5,000원 정도의 선이다. 음식이 나오기 전에 컴플리멘터리 푸드로 땅콩 소스에 찍어 먹는 베트남 전통 과자가 준비된다. 땅콩 소스가 아주 맛있어서 음식만큼이나 인기가 있다. 다양한 베트남 메

뉴 중 반쎄오는 스트리츠의 강력 추천 메뉴다. 어설픈 한국어 메뉴판도 구비하고 있다.

호이안 3대 반미
피 반미 Phi Banh Mi **PHI BÁNH MÌ** [피 반미]

주소 88 Thái Phiên, Cẩm Phô, Tp. Hội An, Quảng Nam **위치 ①** 내원교에서 도보 10분 **②** 마담 칸 더 반미 퀸에서 도보 5분 **③** 호이안 신투어리스트(신카페) 주변 **시간** 7:00~20:00 **가격** VND 15,000~25,000(1인 기준/약 800~1,300원), VND 5,000(아보카도 추가 시/약 250원) **전화** 090-575-52-83

호이안 3대 반미집 중 하나인 피 반미는 다른 반미집에 비해 재료도 깔끔하게 관리되고 있다. 한글로 적힌 메뉴판도 있어서 주문하기 수월하며, 내부에 앉아서 먹을 수 있는 테이블도 갖춰져 있다. 11번 믹스 스페셜 샌드위치가 이곳의 추천 메뉴다. 치즈, 계란, 돼지고기, 허브, 아보카도가 들어가 내용물이 알차다. 관광지에서 조금은 떨어져 있는 주택가에 위치해 일부러 찾아가기에는 번거로울 수 있다. 반미 특유의 향이 거북한 사람은 칠리소스를 곁들여 먹으면 한결 맛있다. 고수

가 싫으면 주문할 때 미리 빼달라고 말하면 된다.

호텔 퓨전에서 운영하는 카페
퓨전 카페 FUSION CAFE [퓨전 카페]

주소 35 Nguyễn Phúc Chu, An Hội, Minh An, Tp. Hội An, Quảng Nam **위치** 호이안 올드 타운에서 호이안 야시장 쪽으로 안호강 다리(Cầu An Hội)를 건너 왼쪽 강변가에 위치 **시간** 9:00~22:30 **가격** VND 30,000~40,000(커피류/약 1,500~2,000원), VND 30,000~50,000(맥주류/약 1,500~2,500원), VND 180,000~200,000(칵테일/약 9,000~10,000원) **전화** 0235-393-0333

다낭에 있는 퓨전 그룹 호텔 숙박 시 이곳에서 음료나 식사 제공을 비롯한 자전거 대여 등 특별한 서비스를 제공받을 수 있다. 내부는 퓨전 카페의 앞 글자인 F와 C를 인테리어 소품으로 활용하고, 전체적으로 화사한 색감으로 따뜻하고 활발한 분위기를 느낄 수 있다. 1층에는 칵테일 바 겸 레스토랑 그리고 2층에는 뮤직 바를 운영하고 있다. 2층에는 넓직한 데이 베드로 마련된 좌석이 있어 편안하게 쉴 수 있게 했다. 퓨전 카페라는 이름처럼 커피부터 칵테일, 와인까지 다양한 메뉴를 즐길 수 있다. 테라스에서는 투본 강변

과 호이안의 야경을 감상할 수 있어서 여행의 묘미를 더해준다.

서양인들의 집합 장소
골든 카이트 Golden kite DIẾU VÀNG [지우 방]

주소 63 Đường Nguyễn Phúc Chu, An Hội, Minh An, Tp. Hội An, Quảng Nam **위치 ①** 호이안 올드 타운 에서 호이안 야시장 쪽으로 안호이 다리(Cầu An Hội)를 건너 오른편 강변에 위치 **②** 호이안 야시장 부근 **시간** 19:00~24:00 **가격** VND 120,000~200,000(1인 예산/ 약 6,000~10,000원) **홈페이지** bargoldenkite.com **전화** 0908-435-950

낮에도 레스토랑으로 운영하지만 낮보다도 밤에 이곳의 매력은 더해진다. 서양인들의 집합소라고도 할 수 있을 정도로 밤이 되면 수많은 서양인이 이곳에 몰려와 신나는 밤을 보내기 때문이다. 골든 카이트와 가깝게 위치해 있는 타이거 타이거 바와 함께 호이안 핫 플레이스라고 해도 과언이 아니다. 다소 시끄럽고 번잡한 분위기가 싫은 사람이라면 다른 곳을 추천한다.

광란의 밤을 보내고 싶다면
타이거 타이거 바 Tiger Tiger BAR Hổ cọp [호 껍]

주소 65 Nguyễn Phúc Chu, An Hội, Minh An, Tp. Hội An, Quảng Nam **위치** 호이안 야시장에서 도보 3분 **시간** 17:00~27:00 **가격** VND 150,000(칵테일류/ 약 7,500원) **전화** 090-573-3490

화려한 LED가 가득해 눈과 귀를 번쩍 뜨이게 하는 곳이다. 이곳 또한 서양인들이 북적이는 핫 플레이스로 신나는 음악과 함께 자유롭게 춤을 추며 칵테일을 마실 수 있다. 귀를 먹먹하게 하는 음악으로 옆 사람과의 대화는 귓속말로 해야 하는 번거로움이 따르지만 동양인이 별로 없어 서양인들과 함께 자유로이 춤을 추며 놀기에 최적이다. 이보다 핫한 호이안의 밤은 없을 것이다.

브런치부터 야식까지 다양한 퓨전 레스토랑

쫀몬 알라카르트
Chon Mon A La Carte **Chọn Món A LA CARTE** [쫀 몬 알라까]

주소 57B Nguyễn Phúc Chu, Minh An, Tp. Hội An, Quảng Nam **위치** 호이안 올드 타운에서 안호이 다리 (Cầu An Hội)를 건너 우회전 후 약 100m 직진하면 왼편 **시간** 9:00~23:00 **가격** VND 40,000~60,000(브런 치/ 약 2,000~3,000원) VND 55,000(스프링롤/ 약 2,700원) VND 40,000(모닝글로리/ 약 2,000원) VND 150,000(피쉬 앤 칩스/ 약 7,500원) VND 110,000(햄버거/ 약 5,500원) **홈페이지** www.chonmonhoian. com **전화** 0919-76-86-70

아침부터 늦은 밤까지 호이안에서 다양한 식
사를 할 수 있는 부담 없는 식당이다. 브런치,
웨스턴 음식, 베트남식까지 다양하게 준비
된 메뉴는 사진과 영어로 된 설명으로 쉽게
주문할 수 있다. 밤이 되면 주변에 타이거 타
이거 바를 비롯해 시끌벅적한 분위기지만 이
곳은 조용하게 호이안에서 늦은 밤을 보낼
수 있다. 추천할 정도의 맛집이라기보다 늦
은 밤 조용히 맥주 한잔을 마시면서 호이안
의 밤거리를 느낄 수 있다.

친절한 서비스와 편안함으로 매일 마사지 받고 싶은 곳

더 매직 스파 THE MAGIC SPA **Spa Kỳ diệu** [스파 끼 지유]

주소 48 Cao Hong Lanh, An Hội, Minh An, An Hoi, Quảng Nam **위치** 다낭에서 오는 호텔 셔틀버스가 내리
는 곳에서 가깝고 그린 헤븐 리조트 근처, 호이안 야시장 방향 **시간** 9:00~22:00 **요금** VND 550,000~(아로마
테라피 90분) **홈페이지** themagicspa.com **전화** 0235-3914-888

트립어드바이저에서
도 평이 좋기로 소문
난 현지 마사지 숍이다. 물론 마사지라는 건
아무리 좋은 마사지라도 마사지사에 따라
복 불복이 따르기 마련이다. 기대가 크다면
기대 이하일 수 있으나 호이안 구석구석을

구경하느라 지친 당신이라면 만족할 만한 깔
끔하고 친절한 마사지 숍을 소개하고자 한
다. 곳곳에 한국어로 표기된 안내문은 한국
여행자들이 이미 많이 찾아오고 있다는 것을
보여 준다. 외관부터 깔끔하게 관리되고 있
다. 한국 여행자들이 가장 많이 찾는 아로마
테라피는 90분에 VND 550,000으로 한화
로 약 27,000원 정도다. 더 매직 스파 시그
니처 테라피는 VND 50,000이 저렴하지만
아로마가 첨가되지 않는 마사지다. 원하는
마사지를 선택하면 시작 전 중점적으로 받고
싶은 부위와 압의 세기를 표시하는 종이를
나눠 준다. 강한 압을 원하는 경우에는 압의
세기를 강하게 표시하면 된다.

호이안 인기 절정 마사지 숍

팔마로사
PALMAROSA [팔마로사]

주소 90 Bà Triệu, Cẩm Phô, Tp. Hội An, Quảng Nam **위치** 호이안 올드 타운 바찌에우(Bà Triệu) 거리에 위치, 빈흥 3 호텔에서 도보 2분 **시간** 10:00~21:00 **요금** VND 550,000(딥 릴랙세이션 [Deep Relaxation]/ 약 27,000원)/ VND 590,000(팔마로사 스파 시그니처[Palmarosa Spa Signature]/ 약 30,000원) **홈페이지** palmarosaspa.vn **전화** 0235-3933-999

호이안에서 고급스럽기로 유명한 마사지 숍이다. 물론 한국에서 같은 퀄리티로 마사지를 받는다면 몇 배는 더 비싸겠지만 호이안에서는 고급 스파 숍에 속한다. 기본 60분 마사지가 19,000원부터다. 팔마로사 마사지를 받기 위해서는 예약이 필수다. 팔마로사 주변 호텔에 묵는 경우라면 하루 전날이나 당일 오전에 마사지 숍에 가서 예약을 하고 저녁 타임에 피로를 풀 수도 있으니 참고하자. 한국인들도 많이 찾기 때문에 마사지를 받으며 한국말을 자주 들을 수 있다.

TIP 마사지 메뉴
① 발 마사지 : VND 220,000(30분), VND 380,000(60분)
② 아시안 블렌드 보디 테라피(Asian blend body therapy) : VND 380,000(65분)
③ 스위디쉬 보디 테라피(Swedish body therapy) : VND 380,000(65분)
④ 딥 릴랙세이션(Deep relaxation) : VND 550,000(90분)
⑤ 딥 릴랙세이션 디럭스(Deep relaxation deluxe) : VND 690,000(110분)
⑥ 팔마로사 스파 시그니처 디럭스(Palmarosa spa signature deluxe) : VND 730,000(125분)

TIP 예약하는 방법
① 메일 예약 시 : palmarosaspa@yahoo.com
② 홈페이지 예약 시 : 홈페이지 접속→SPA Treatments 클릭→설명과 금액 확인 후 선택→이름, 날짜, 이메일, 마사지 종류 입력 후 booking info에 부가적인 추가 요청 사항 기재→send→컨펌 메일을 받으면 예약 끝

마사지와 페디큐어를 한 번에 받을 수 있는 곳
화이트 로즈 스파 White Rose Spa Spa trắng hồng [스파장홍]

주소 529 Hai Ba Trung, Hoi An 560000 **위치 ❶** 내원교에서 도보 10분 **❷** 피 반미에서 도보 5분 **시간** 9:00~22:00 **요금** VND 500,000(화이트 로즈 스파 80분/ 약 25,000원), VND 500,000(약 25,000원), VND 160,000(페디큐어/ 약 8,000원) **홈페이지** spa.whiterose.vn/treatments **전화** 0235-3929-279

총 5개의 마사지 룸과 15명의 마사지사가 있는 중급 마사지 숍이다. 예약이 어려운 다른 스파 숍들에 비해 예약이 조금은 수월하며, 메일 또는 전화로 예약을 할 수 있다. 편도로 호텔까지 픽업 서비스를 제공해 주고 있다. 마사지와 네일을 함께 받을 수 있어서 여성 고객들은 네일로 기분 전환까지 할 수 있다. 친절한 직원들과 좋은 서비스로 만족도가 높다. 무엇보다 마사지 압의 세기를 선택할 수 있어서 강한 압의 마사지를 원하는 사람이라면 추천한다.

친절을 베푸는 가성비 좋은 마사지 숍
판다누스 스파 Pandanus Spa [스파 판다눗]

주소 21 Phan Đình Phùng, Cẩm Châu, Tp. Hội An, Quảng Nam **위치** 신세리티 호텔에서 도보 3분 **시간** 10:00~21:00 **요금** US$18(판다누스 스파 시그니처 마사지 80분), US$24(타이 마사지 80분) **홈페이지** pandanusspahoian.wordpress.com **전화** 093-555-2733

작은 로컬 마사지 숍으로 마사지 베드가 5개 밖에 없지만 이 작은 숍에 사람들의 발걸음 이 끊이지 않는다. 예약을 하지 않으면 이용 할 수 없을 정도로 많은 여행객에게 인기가 많다. 다른 스파 숍에 비해 가격도 저렴하고 주인이 친절해 기분 좋은 마사지를 받을 수 있다. 고급스러운 스파 숍이 아닌 가성 비 좋은 마사지를 받고 싶은 사람들에게 적극 추천한다. 예약은 이메일 또는 전화로 가능하며 당일 예약은 어려운 편이다. 호이안 내에 있으면 오토바이나 택시로 무료 픽업도 해준다. 태국 마사지에 비해 베트남 마사지가 압

이 약하다는 한국 사람들의 평이 많지만 그 중 다른 스파 숍보다 압의 만족도가 높은 곳 이다.

지친 나의 몸에 호사를 누리게 해 주는 곳
라 시에스타 스파 La Siesta Spa [라 씨에스타 스파]

주소 132 Hùng Vương, Thanh Hà, Tp. Hội An, Quảng Nam **위치** 호이안 올드 타운에서 도보 10분(택시 이 동시 VND 20,000 내외) 후 에센스 호텔 내 **시간** 9:00~22:00 **요금** VND 635,000(스위디쉬 테라피[Swedish therapy], 60분/ 약 32,000원), VND 825,000(허벌 테라피[Herbal therapy], 60분/약 41,000원) **홈페이지** www. lasiestaspa.com **전화** 0235-3915-915

트립어드바이저에서 호이안 지역 마사지로 1위를 한 스파 숍이다. 라 시에스타 스파는 하노이에 3개 체인을 갖고 있고, 호이안에 1 개 지점이 운영되고 있다. 비교적 로컬 마사지 숍보다는 마사지 비용이 부담될 수 있지만 해피 아워(오전 9시~오후 1시)를 이용하면 90분 보디 마사지에 한해 30% 금액할인 또는 30분짜리 서비스 마사지를 받을 수 있다. 숙련된 테라피스트는 물론이거니와 스파 숍의 시설, 서비스, 직원의 친절까지 높은 평가

를 받고 있는 곳이라 여행 기간 동안 재방문 하는 사람들이 많다.

끄어다이 & 안방 비치

Bãi biển Cửa Đại & Bãi biển An Bàng

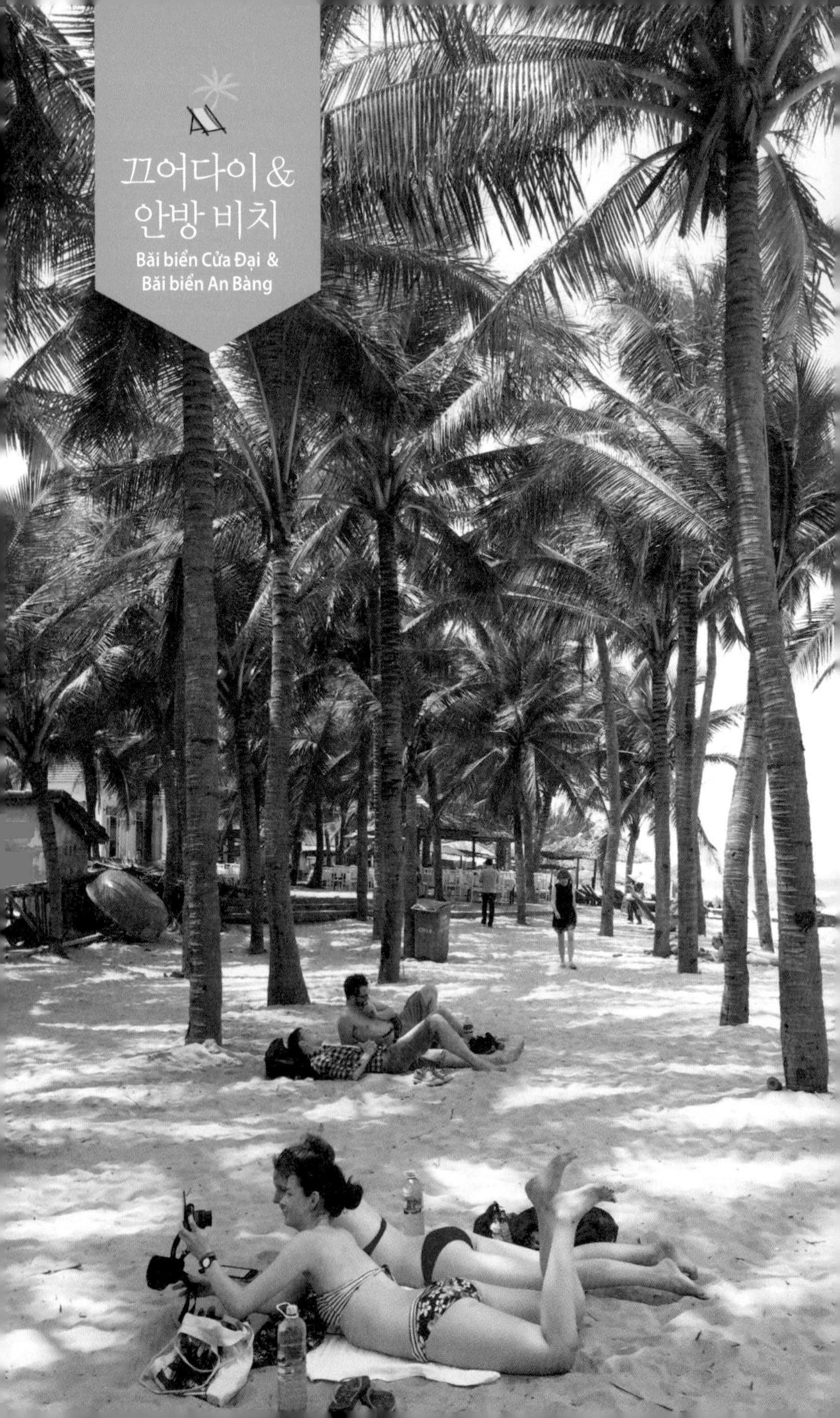

끄어다이 & 안방 비치

N
W — E
S

🏨 포 시즌스 리조트 더 남 하이, 호이안
Four Seasons Resort The Nam Hai, Hoi An

🏨 빈펄 호이안 리조트 앤 빌라스
Vinpearl Hoi An Resort & Villas

🏨 선라이즈 프리미엄 호이안 리조트
Sunrise Premium Resort Hoi An

🏨 골든 샌즈 리조트 앤 스파 호이안
Golden Sand Resort And Spa Hoi An

🏨 코이 리조트 앤 스파 호이안
Koi Resort & Spa Hoi An

🏖 끄어다이 비치
Cua Dai Beach

🏖 안방 비치
An Bang Beach

🍴 소울 키친
Soul Kitchen

🍴 더 흐몽 시스터즈
The H' mong Sisters

멍 때리기 좋은 아기자기하고 아담한 비치
끄어다이 비치 Cua Dai Beach **Bãi biển Cửa Đại** [바이 비엔 끄어 다이]

주소 Âu Cơ, Cửa Đại, Tp. Hội An, Quảng Nam **위치** 호이안 올드 타운에서 택시 15분

호이안에서 가장 가까운 해변이다. 호이안 오른쪽으로 연결되는 끄어다이Cửa Đại 거리를 따라 끝까지 가면 한적한 해변이 나온다. 호이안 올드 타운에서 자전거로 이동할 경우에는 약 30분, 오토바이나 차량으로 이동할 경우에는 약 15분 정도 소요된다. 끄어다이 비치는 폭 300m, 길이 3km의 기다란 모래 해변이 파란 바다와 펼쳐진다. 비치 파라솔을 빌려 휴식을 취하는 외국인과 야자수 나무 그늘 아래에서 해산물을 먹으며 시간을 보내는 현지인들이 함께 어우러지는 곳이다. 끄어다이 비치에서의 수영은 파도가 잔잔한 4~10월이 적합하다. 우기는 파도가 높아 모래 유실이 심한 경우가 있어서 고요하고 아름다운 해변을 만나긴 쉽지 않다. 주말이 되면 현지인들도 많이 놀러 와 휴식을 취한다. 끄어다이 해변 북쪽으로는 다낭까지 30km에 이르는 기다란 해안선이 펼쳐져 있다.

유럽으로 착각하게 만드는 이국적이고 핫한 비치

안방 비치 An Bang Beach Bãi biển An Bàng [바이 비엔 안 방]

주소 Hai Bà Trưng, Cẩm An, Tp. Hội An, Quảng Nam **위치** 호이안 올드 타운에서 택시 20분

호이안 올드 타운에서 차량으로 약 20분, 끄어디이 해변에서 차량으로 약 10분 정도 북쪽으로 이동하면 현지인들이 추천하는 안방 비치가 나온다. 안방 비치는 미국 CNN이 선정한 세계에서 아름다운 해변 중 한 곳으로 선정되기도 했다. 끄어다이 해변과는 다르게 여러 식당과 비치 파라솔 등 편의 시설이 갖춰져 있다. 세계 각지 젊은 서양인들이 일광욕을 즐기는 모습을 쉽게 볼 수 있다. 주말에는 현지인들의 쉼터가 되어 주는 곳이며, 베트남 학생들 방학 기간에는 마치 우리나라 7~8월의 해운대 같은 모습을 보이기도 한다. 날씨와 시간만 허락한다면 되도록 평일에 들러서 이국적인 여유를 만끽하길 추천한다. 파라솔은 유료로 대여할 수 있지만 식당에서 음식이나 음료를 주문하면 무료로 이용할 수 있다. 화창한 날에는 해수관음상도 볼 수 있다.

안방 비치에 떠오르는 해산물 레스토랑
더 흐몽 시스터즈 THE H`MONG SISTERS Chị em h'mông [치 엠 흐몽]

주소 Cẩm An, Tp. Hội An, Quảng Nam **위치** 안방 비치 들어가는 입구를 바라보고 왼편 골목 중 앞쪽 **시간** 9:00~22:00 **가격** VND 300,000~500,000(식사 시 2인 기준/ 약 15,000~25,000원), VND 200,000(추천 로스트 치킨 반 마리/ 약 10,000원) **홈페이지** www.facebook.com/thehmongsistershoian **전화** 091-504-2366

안방 비치를 바라보며 여러 식당이 생겨 나고 있지만 가장 인기있는 소울 키친 외에도 분위기 좋은 식당들이 있다. 그중 하나가 더 흐몽 시스터즈다. 소울 키친보다 음료는 더 저렴한 편이고, 치킨과 파스타가 깔끔하게 나오는 곳으로 안방 비치를 바라

보며 선 베드에서 식사하기 좋은 곳이다.

안방 비치를 대표하는 분위기 깡패 레스토랑

소울 키친 SOUL KITCHEN Nhà bếp tâm hồn [냐 벱 탐 혼]

주소 An Bang Beach, Hai Bà Trưng, Cẩm An, Tp. Hội An, Quảng Nam **위치** 안방 비치 들어가는 입구를 바라보고 왼편 골목 중 안쪽 **시간** 8:00~23:00(월요일 19:00까지) **가격** VND 300,000~500,000(식사 시 2인 기준/ 약 10,000~20,000원), VND 120,000(추천 치킨 데리야키/ 약 6,000원) **홈페이지** www.soulkitchen.sitew. com/#Soul.A **전화** 09-644-0320

안방 비치에 여러 개의 식당이 있지만 가장 안쪽 골목에 있는 이곳에만 유독 사람들이 몰려 있다. 대부분 서양 사람이 많고, 요즘은 한국인들도 많이 찾는 추세다. 내부는 넓으며, 여러 테이블이 야외와 오픈형 실내에 준비돼 있어 자리는 넉넉한 편이다. 안방 비치의 파도 소리와 이곳에서 흘러나오는 음악이 어우러져 여유로움을 선물해 준다. 대체적으로 음식도 깔끔하고 맛있지만 맥주 한 병만 시켜 놓고 데이 베드에서 하루 종일 멍을 때려도 좋은 곳이다. 음식이나 음료를 주문하면 바로 앞 비치에 놓인 선 베드를 이용할 수 있고, 파도가 잔잔한 날이면 바다에 들어가 수영도 할 수 있다. 누구의 눈치도 보지 않고 오롯이 여유를 느끼기에 그저 좋은 곳이다. 안방 비치를 바라보며 편안한 휴식을 취하고 싶다면 이곳을 추천하지만 사람이 많다면 오히려 이 주변에 한적한 레스토랑도 괜찮을 거라 예상된다.

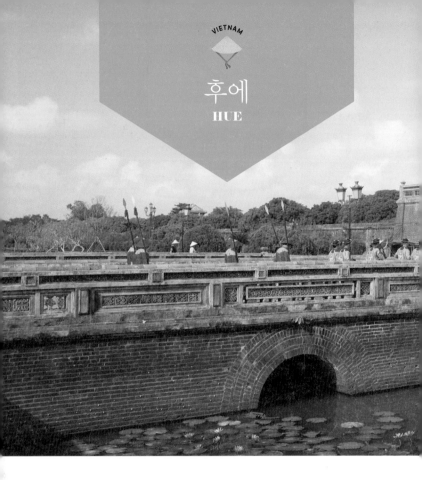

VIETNAM

후에
HUE

베트남 마지막 왕조의 수도, 후에

1993년 베트남 최초로 유네스코 세계 문화 유산으로 지정된 베트남의 문화 수도 '고도(固都)'
다. 1945년까지 응우옌 왕조 치하의 정치, 문화, 종교의 중심지였으며 봉건 시대의 독특한 자
연미를 간직하고 있는 도시다. 후에시는 구시가지와 신시가지로 나뉘며, 구시가지는 성벽으
로 둘러싸여 예전 모습 그대로 간직하고 있고, 신시가지(남쪽) 지역은 서울의 강남과 같이 신
개발 지역으로 거주지와 비즈니스 거점이다. 응우옌 왕조는 143년간 13명의 황제가 통치를
했으며 그중에 7명만 황제릉이 조성돼 있다. 나머지 5명은 프랑스 식민지배에 저항하다 폐위
되거나 타국으로 망명을 떠났다고 한다. 관광객들은 대표적으로 2~3개의 황제릉을 찾으며
민망 황제릉과 카이딘 황제릉, 뜨득 황제릉이다.

다낭에서 북서쪽으로 약 96km, 호이안에서 약 130km 떨어져 있는 지역이다. 다낭 공항이나 호이안에서 후에까지 이동하는 버스나 기차가 있으며 시간은 편도에 약 3~4시간 소요된다. 버스는 기차보다 깔끔하지만 화장실이 별도로 없고, 기차는 화장실은 갖춰져 있지만 깔끔하지는 않으니 큰 기대는 안 하는 편이 낫다. 다낭에서 후에까지 해안선을 따라 창밖을 보며 이동하고 싶은 경우에는 기차를 추천한다. 여럿이서 택시로 이동할 경우 승합차 1대당 VND 1,000,000~1,500,000(약 50,000~70,000원) 정도 예상하면 된다.

후에는 2~3일 일정을 전후로 중심부 여행 코스와 왕릉 중심 코스를 나눌 수 있다. 흐엉강을 경계로 구시가지에는 왕궁터, 박물관, 동바 시장 등이 있고, 신시가지에는 호텔, 여행사 등 편의 시설이 밀집되어 있다. 세계 문화 유산으로 등재되어 있는 왕릉은 1일 코스로 잡는 편이 낫다.

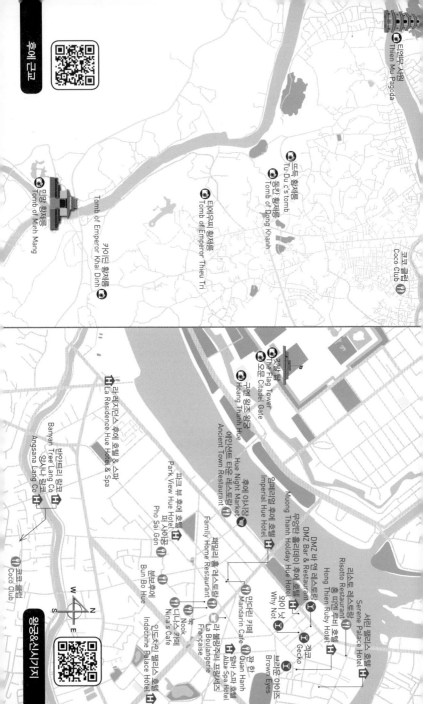

후에 근교
Thien Mu Pagoda
티엔무 사원

뜨득 황제릉
Tu Duc's tomb

민망 황제릉
Tomb of Minh Mang

동칸 황제릉
Tomb of Dong Khanh

카이딘 황제릉
Tomb of Emperor Khai Dinh

티에우찌 황제릉
Tomb of Emperor Thieu Tri

코코 클럽
Coco Club

왕궁&신시가지

라 레지던스 후에 호텔 & 스파
La Residence Hue Hotel & Spa

반얀트리 랑꼬
Banyan Tree Lang Co
앙사나 랑꼬
Angsana Lang Co

코코 클럽
Coco Club

깃발탑
The Flag Tower

오문
Hoang Thanh Hue

구엔 왕조 왕궁
Hue Night Market
후에 야시장

파크 뷰 후에 호텔
Park View Hue Hotel

에인션트 타운 레스토랑
Ancient Town Restaurant

패밀리 홈 레스토랑
Family Home Restaurant

포 사이공
Pho Sai Gon

분보후에
Bun Bo Hue

DMZ 바 앤 레스토랑
DMZ Bar & Restaurant

임페리얼 후에 호텔
Imperial Hue Hotel

무옹탄 홀리데이 후에 호텔
Muong Thanh Holiday Hue Hotel

홍 티엔 루비 호텔
Hong Thien Ruby Hotel

세린 팰리스 호텔
Serene Palace Hotel

리소토 레스토랑
Risotto Restaurant

만다린 카페
Mandarin Cafe

꽌한
Quan Hanh

알바 스파 호텔
Alba Spa Hotel

라 불랑주리 프랑세즈
La Boulangerie Française

누크
Nook

니나스 카페
Nina's Cafe

인도차인 팰리스 호텔
Indochine Palace Hotel

와이 낫
Why Not

게코
Gecko

브라운 아이즈
Brown Eyes

후에 BEST COURSE

대중적인 여행 코스

교통편이 좋지 않은 베트남은 대부분 이동 시 택시 또는 오토바이를 이용해야 구석구석 찾아다닐 수 있다. 이러한 현지 교통 사정으로 관광객들은 대부분 택시 또는 오토바이로 1일 투어를 이용하는 경우가 대부분이다. 대표적으로는 기사의 추천 동선이나 관광지를 구경하는 시간에 따라 한두 군데를 더 둘러볼 수도 있고, 빠질 수도 있으니 참고하자.

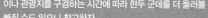

⭐ 택시 10분 ⭐ 택시 20분 ⭐ 택시 7분 ⭐ 택시 8분 ⭐
구엔 왕조 왕궁　　　티엔무 사원　　　　민망 황제릉　　　　카이딘 황제릉

⭐ 택시 17분 ⭐ 도보 7분 ⭐ 택시 10분 ⭐
후에 야시장　　　동칸 황제릉　　　뜨득 황제릉　　　티에우찌 황제릉

후에 응우옌 왕조의 왕궁
구엔 왕조 왕궁 Hoang Thanh Hue **Hoàng Thành Huế** [홍 탄 후에]

주소 Imperial City, Thuận Thành, Tp. Huế, Thừa Thiên Huế **위치** 구시가지 8월 23일 거리(Hai Mươi Ba Tháng Tám)에 위치 **시간** 6:30~17:30 **요금** VND 150,000(통합 입장료 1인/ 약 7,500원), VND 30,000(통합 입장료 아동/ 약 1,500원)

구시가지 안쪽에 자리한 왕궁은, 중국의 자금성을 모태로 지어져 성벽으로 둘러싸여 있다. 많은 유적지와 함께 유네스코 세계 문화 유산으로 지정된 이곳은 후에 여행의 필수 코스이기도 하다. 황제와 가족들이 거처하고 정무를 보던 왕궁은 1대 황제와 2대 민망 황제에 의해 1804~1832년에 걸쳐 지어졌다. 베트남 전쟁 중에 소실된 왕궁의 건물이 70여 채에 이르고, 방치됐다가 1990년부터 복원 사업이 시작돼 1993년 왕궁을 포함한 후에의 구시가지 전체가 베트남 최초로 유네스코 세계 문화 유산으로 등재가 되었다. 특이한 점은 왕궁 부근 및 왕궁 내에서 해설은 후에 사람만이 운전 및 가이드 설명을 해야만 하는 지역이라는 점. 왕궁의 전체를 전부 둘러보면 2~3시간 정도 소요되므로 후에 전동차를 별도로 지불해서 이용하는 것이

좋으며, 우산, 양산, 선글라스, 모자 등은 필히 지참하는 것이 좋다.

Thema Road

황제들의 이야기 속으로

높이만도 37m로 베트남의 제일 높은 깃발 탑
📷 **깃발 탑(국기 게양대)** Flag Tower **Cột cờ** [꼿 꺼]

흐엉 강변(香江, Sông Hương)과 왕궁 입구 앞에 넓은 광장을 사이에
두고 있는 국기 게양대는 1809년 자롱 황제 시대에 만들어졌고,
여러 차례 파괴와 복구를 거듭하다가 마침내 복구돼 세워진 콘크
리트 건물이다. 조명을 켜 놓은 탑의 야경이 아름다워 후에의 상
징물 중 하나다.

후에 왕궁의 정문
📷 **오문(午門)** Ngọ Môn [응오몬]

오문(吾門, Ngọ Môn)은 후에 성의 정문이다. 베트남어로 '응오몬'이라고 한다. 매표소는 성의
남쪽에 있고, 출입문은 총 5개다. 중앙 문은 황제만 다닐 수 있는 전용 통로이며, 중앙 옆에 두
개의 문으로는 신하가, 나머지 2개의 문은 하인이나 말, 코끼리 등의 동물들이 다녔던 문이다.
현재는 양쪽 두 개의 문 중에서 왼쪽 문은 외국인 관광객이, 오른쪽 문은 베트남 사람이 사용하
고 있으며 입장료도 다르다.

황제의 즉위식과 중요한 공무를 보던 곳
📷 **태화전(太和澱)** Điện Thái Hòa [디엔타이호아]

오문을 들어서서 맞은편의 태화전으로 가는 길에는 바르고
곧고 한쪽에 치우치지 않는다는 뜻의 정직탕평(正直蕩平)이
써 있는 패방이 있다. 패방을 지나 연못 사이에 놓인 다리를
지나면, 높고 밝은 정사가 계속 이어지기를 기원하는 고명유
구(高明悠久)라는 현판이 있는데, 이 패방 뒤에 태화전이 있다. 태화전은 황제의 즉위식이나 공
식 행사를 하는 곳이고, 왕이 한 달에 두 번씩 조회를 하던 곳으로 태화전 앞뜰에는 우리나라 경
복궁 근정전 앞이나 덕수궁 중화전 앞처럼 신하들의 품계석이 있다. 사진 촬영을 못하는 내부
에는 금색의 천 개를 두른 옥좌, 도자기들로 장식돼 있고 뒤편 회랑에서는 황금색 옥쇄와 왕궁
전체의 모습을 만들어 놓은 모형을 볼 수 있다.

왕족들을 위한 왕실 공연장
📷 **열시당(閱是堂)** Duyet Thi Duong **Duyệt Thi Đương** [쥬옛 티 즈엉]

1826년 민망 황제가 왕족들을 위해 만든 공연장으로, 공연
은 유료로 VND 200,000(한화 1만 원)이다. 궁중 음악과 궁
중 무용, 민속 음악을 매일 4회 공연하고 있다. 2003년부터
유네스코에서 궁중 음악을 무형 문화재로 지정해 보존하고
있다.

역대 황제들의 위패를 모신 곳
📷 **세조묘(世祖廟) & 묘문(廟門)** Thế Tổ Miếu & Miếu Môn [떼 또 미에우 & 미에우 몬]

제2대 민망 황제에 의해 1822년 완성됐고, 건물의 길이는
54.6m로 13칸짜리 단층 건물이다. 세조묘에는 응우옌 왕조
역대 왕들의 신위가 모셔져 있다. 건물은 동양의 기와집 형태
지만, 지붕과 벽체에 타일을 사용했다. 종묘의 남문에 해당하
는 문이 묘문이다. 종묘를 출입하는 문이라는 뜻인 '미에우몬'
이라고도 불린다.
묘문으로 들어가면 현임각이 나온다.

왕조의 왕실 사원이자 황제의 상징을 표현한 곳
📷 **현임각(顯臨閣)** Hien Lam Cac Hiển Lâm Các [히엔 럼 깍]

1822년에 건립한 높이 17m의 3층 누각으로, 황궁 안에서 가
장 높은 건물이다. 역대 황제를 상징하는 9개의 청동 화로가 있
는데 이 화로들은 황실의 번영과 영속성을 기원하는 의미가 있
다. 표면에는 높이 2m에 고, 인, 장, 영, 의, 순, 선, 우, 현이라고
쓰인 황제의 상징을 표현하는 글씨와 해, 달, 별, 산, 강, 구름 등
의 자연 지물과 사계절을 표현하는 그림이 새겨져 있다.

영생을 기원하며 지은 궁전
📷 **연수궁(延壽宮)** Cung Diên Thọ [꿍 지엔 토]

제1대 자롱 황제가 그의 어머니를 위해 1804년에 지은 궁전
으로, 종묘 북쪽에 별도의 성벽으로 둘러싸여 있다. 이곳에서
평안하게 오래 살기를 바라는 마음을 담아 이름을 장수궁으로
지었다. 역대 황제가 잘 정비한 덕에 초기의 모습으로 잘 보존
돼 있어 예술적으로도 가치가 높으며 1916년 카이딘 황제가
영생을 기원하며 연수궁으로 궁전명을 바꾸었다.

2대 황제가 어머니를 위해 건설한 아름다운 궁전
📷 **장생궁(長生宮)** Cung Trường Sanh [꿍 쯔엉 싼]

제2대 민망 황제가 그의 어머니를 위해 1821년 지은 궁전이
다. 초승달 모양으로 만들어진 인공 호수와 화원을 공원처럼
꾸며 놓았는데, 제3대 티에우찌 황제는 이곳을 후에에서 가장
아름다운 곳이라고 칭송했다. 어머니가 오래 편안하기를 바라
는 마음으로 이름을 장녕궁으로 지었으나 카이딘 황제가 대대
적인 보수 공사를 하였고 당시 이곳에 머물던 동칸 황제의 두
번째 왕비를 위해 장생궁으로 이름을 바꾸었다.

장생궁(長生宮)

자금성(紫禁城)

연수궁(延壽宮)

태평루(泰平樓)

열시당(閱是堂)

평화문(平和門)

근정전(勤政殿)

좌무(左廡)　우무(右廡)

홍조묘(興祖廟)

세조묘(世祖廟)

태화전(太和澱)

현임각(顯臨閣)

묘문(廟門)

오문(午門)

*붉은색은 현존하는 건물

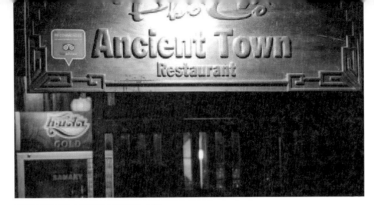

강변의 운치 있는 분위기의 식당을 찾는다면

에인션트 타운 레스토랑
Ancient Town Restaurant **Nhà hàng Phố Cổ** [냐 항 포 꼬]

주소 14 Nguyễn Công Trứ, Phú Hội, tp. Huế Phú Hội tp. Huế **위치** 사이공 모린 호텔 근처에 위치, 레러이(Lê Lợi) 거리에서 강변을 바라보고 푸쑤언교(Cầu Phú Xuân)와 쯔띠엔교(Cầu Trường Tiền) 사이에 위치 **시간** 15:00~23:00 **가격** VND 40,000(분또후에/ 약 2,000원) **홈페이지** www.facebook.com/ancienttownrestaurant.hue **전화** 090-516-2789

강변에 위치한 고급스러운 분위기와 좋은 위치가 자랑이다. 고급 레스토랑의 분위기지만 아주 부담스러운 가격대는 아니라서 한 번쯤 분위기 있는 식당을 찾는다면 추천한다. 맛은 약간의 호불호가 있지만 전반적으로 만족도가 높은 편이다. 오전에는 열지 않고 강변도로가 보행자 전용 도로로 바뀌는 시간대인 오후부터 저녁까지만 영업을 하니 참고하자. 또한 6시 전에 가서 강변 쪽에 자리를 잡는 것을 추천한다.

파스타와 맛있는 피자를 먹고 싶다면 이곳을 주목

리소토 레스토랑 Risotto Restaurant **Nhà hàng RISOTTO** [냐 항 리조또]

주소 14 Nguyễn Công Trứ, Phú Hội, tp. Huế Phú Hội tp. Huế **위치** 홀리데이 다이아몬드 호텔 옆에 위치 **시간** 10:00~22:00 **가격** VND 65,000~90,000(파스타, 리소토/ 약 3,300~4,500원) **홈페이지** www.risottorestauranthue.com **전화** 0234-3949-684

저렴한 가격이지만 최고의 서비스와 맛있는 피자와 맥주를 즐길 수 있는 이탈리안 레스토랑으로, 데코레이션에서도 섬세한 서비스를 느낄 수 있다. 트립어드바이저에도 상위권에 랭크돼 있는 평점 높은 식당이다.

1층은 바, 2층은 식당, 3층은 포켓볼, 자유 여행자들의 방앗간

DMZ 바 앤 레스토랑

DMZ Bar & Restaurant **DMZ Bar & Nhà hàng** [데엠므 젯 바 냐 항]

주소 60 Lê Lợi, Phú Hội, Hue City, Thừa Thiên Huế **위치** 여행자 거리 프렌치쿼터 진입로 쭉 레러이(Le Loi) 거리와 팜응우라오(Phạm Ngũ Lão) 삼거리 코너 쪽에 위치 **시간** 7:00~26:30 **가격** VND 20,000~(후다[후에] 맥주/ 약 1,000원), VND 17,00~(커피/ 약 850원~) **홈페이지** dmz.com.vn **전화** 0234-3823-414

자유여객과 현지 사람들의 방앗간이라고 해도 과언이 아니다. 팜응우라오 거리 초입에 있어 위치 또한 이상적이다. 전체적인 인테리어는 비무장지대DMZ를 지도로 표현하고 있으며, 군용 드럼통으로 외부를 장식하고 조명도 미사일 모양으로 꾸몄다. 1층에서는 약 800원의 저렴하지만 시원한 아이스커피로 더위를 식힐 수 있으며, 2층에서는 에어컨을 쐬며 식사를 할 수 있는데 수제 버거나 파스타 등의 메뉴를 즐길 수 있다. 1994년에 문을 열어 20년동안 변함없는 인기를 누리고 있는 곳이다.

아득하고 포근한 힐링 타임

겍코 Gecko **Con tắc kè** [콘 탁 께]

주소 9 Phạm Ngũ Lão, Phú Hội, Tp. Huế, Thừa Thiên Huế **위치** 문라이트 호텔 맞은편 팜응우라오(Phạm Ngũ Lão) 거리에 위치 **시간** 8:00~23:59 **가격** VND 19,000~(병맥주/ 약 950원~) **홈페이지** www.facebook. com/geckopub.hue **전화** 0234-393-3407

여행자 거리인 팜응우라오 거리에 있다. 좋은 분위기의 인테리어로 길을 걷다 우연히 발견하게 되면 마치 보석을 찾은 기분이 드는 곳이다. 도마뱀 캐릭터와 각종 국기가 걸려 있는 입구를 비롯해 실내 분위기가 아늑하다. 부담 없는 금액대로 맥주나 칵테일을 즐길 수 있고, 베트남 음식보다는 서양식 위주지만 음식은 호불호가 나뉜다.

해피아워에 맥주 2+1을 즐기자!
와이 낫 WHY NOT Tại sao không [타 사오 컹]

주소 26 Phạm Ngũ Lão, Phú Hội, Tp. Huế, Thừa Thiên Huế **위치** 아시아 호텔 맞은편 팜응우라오(Phạm Ngũ Lão) 거리에 위치 **시간** 8:00~22:00 **가격** VND 19,000~(병맥주/ 약 950원~), VND 29,000~(생맥주/ 약 1,500 원~) **홈페이지** www.whynothue.com **전화** 0234-384-6868

해피 아워 시간에는 2명이 맥주를 주문하면 1명을 무료로 주거나, 진+토닉 또는 모히토 칵테일을 반값으로 즐길 수 있는 곳이다. 해피아워 시간은 오후 다섯 시부터 열 시까지 이니 참고하자. 친절한 직원과 빵빵한 에어컨이 있어 편하고 쾌적하게 시간을 보낼 수 있다. 안주로는 갈릭 버터 스테이크나 피자를 추천한다.

여행자들의 아지트이자 식사, 투어 예약까지 올인원
만다린 카페 Mandarin Café Quán Man darin [콴 만다린]

주소 24 Trần Cao Vân, Phú Nhuận, Tp. Huế, Thừa Thiên Huế **위치** 여행자 거리에 패밀리 홈 레스토랑 근처 **시간** 6:00~22:00 **가격** VND 50,000~140,000(분보후에 단품 메뉴부터 코스 요리/ 약 2,500~7,000원) **홈페이지** mrcumandarin.com **전화** 0234-3821-281

1, 2층으로 되어 있는 이 식당은 1층 입구 우측에 각종 투어 예약을 도와주는 예약 전용 데스크가 따로 있다. 2012~2014년 트립어드바이저 선정 위너 식당이다. 훌륭한 사진작가이자 카페 주인인 MR. 꾸 씨는 한쪽 벽면에 자신의 좋은 사진들을 걸어 두었다. 저렴한 가격으로 한 끼 식사를 하면서 반나절 투어나 1일 시티 투어를 신청해서 관광하는 것도 추천한다.

늦은 시간까지 즐길 수 있는 핫 플레이스
브라운 아이즈 BROWN EYES Mắt nâu [맛 너우]

주소 56 Chu Văn An, Phú Hội, Tp. Huế, Thừa Thiên Huế **위치** 쭈 반 안(Chu Văn An) 거리에 위치, 탐푸 레스토랑 왼쪽 **시간** 7:00~27:00(일요일만 24:00까지) **가격** VND 19,000~(병맥주/ 약 950원~) **전화** 0234-3827-494

베트남 현지 젊은 친구들을 비롯해 서양인들 사이에서는 핫한 곳이지만 한국인에게는 아직 잘 알려지지 않았다. 저렴한 금액으로 좋은 비트의 음악을 즐길 수 있다. 근처에 다양한 호스텔이 있어 세계 각국의 여행자를 만날 수 있는 곳이기도 하다. 드링크는 칵테일을 추천하며 새벽 3시까지 영업을 하고 있어 늦은 시간 맥주나 칵테일을 마시며 후에의 밤을 합리적으로 즐길 수 있는 곳이다.

맛있는 크루아상, 기분 좋은 아침 식사로 유명한 프렌치 베이커리집
라 불랑주리 프랑세즈
La Boulangerie Française [라 불랑제리 프랑아이]

주소 46 Nguyễn Tri Phương, Phú Nhuận, Tp. Huế, Thừa Thiên Huế **위치** 제이드 호텔이 있는 훙브엉(Hùng Vương) 거리 교차로인 응우옌찌프엉(Nguyễn Tri Phương) 거리에 위치 **시간** 7:00~20:30 **가격** VND 12,000~(커피/ 약 600원~) VND 45,000(크루아상 샌드위치/ 약 2,300원) **홈페이지** laboulangeriefrancaise.org **전화** 0234-3837-437

친절한 직원들이 있는 작고 아담한 베이커리집. 아침부터 저녁까지 고소하고 신선한 빵이 함께 한다. 크루아상과 페이스트리 그리고 이 집만의 케이크는 베트남 커피와 함께 사랑스러운 한 끼 식사로 적당하다. 샌드위치 또한 간편하면서도 저렴한 가격으로 배를 든든하게 채울 수 있게 해주고 있어 장거리 여행자들이 애용하는 빵집이다.

고민할 필요 없는 저렴하고 가성비 좋은 현지 맛집
꽌 한 Quan Hanh QUÁN HẠNH [꽌 한]

주소 11 Phó Đức Chính, Phú Nhuận, Tp. Huế, Thừa Thiên Huế **위치** 벤응에(Bến Nghé) 거리와 쩐꽝카이 (Trần Quang Khái) 거리 사이 좁은 골목에 위치 **시간** 10:00~21:00 **가격** VND 120,000(세트 메뉴 1인/ 약 6,000 원) **전화** 0234-3833-552

세트 메뉴 주문 시 짜조(튀긴 스프링롤)와 반 베오(베트남의 전통 간식)가 나오고, 반쎄오(베트남의 부침개)와 라이스페이퍼와 넴루이(사탕수수 줄기에 돼지고기를 구워낸 음식)가 나온 다. 현지인부터 관광객까지 가성비로는 최고로 추천하는 식당이다. 구글 맵은 HANH Restaurant Local Food로 치고 검색하자.

가정집 분위기의 친절한 주인이 있는 곳
패밀리 홈 레스토랑
Family Home Restaurant **Nhà hàng gia đình** [지아 딘 냐 항]

주소 11/34 Nguyễn Tri Phương Phú Nhuận, tp. Huế **위치** ❶ 여행자 거리의 선라이즈 호텔 바로 옆 ❷ 니나 스카페 근처 **시간** 24시간 **가격** VND 200,000~(2~3가지 메뉴 주문 기준/ 약 10,000원~) **전화** 0234-3820-668

현지 로컬 식당보다는 다소 비싼 금액이라 현지인보다는 서양인들이 주로 찾는 집이다. 테이블이 8개 정도로 비교적 작은 규모지만 분위기만큼은 친절한 주인 여사장과 가족들이 정성껏 요리해 주는 느낌이다. 후에 전통 음식부터 스파게티, 생선, 새우 요리까지 다양한 메뉴가 있다. 새우볶음밥, 분팃느엉, 치킨카레라이스 등이 추천 메뉴이며 다양하게 접하고 싶을 때는 코스 요리를 시키자.

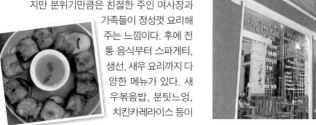

베트남 스타일의 가정식
니나스 카페 NINA'S CAFE [니나 꿔 카페]

주소 16/34 Nguyễn Tri Phương, Phú Nhuận, Hue City, Thừa Thiên **위치** 빈민 선라이즈 호텔에서 패밀리 홈 레스토랑으로 가는 방향 골목 끝자락에 있는 오른쪽 골목 안쪽에 위치 **시간** 8:00~22:30 **가격** VND 50,000~140,000(약 2,500~7,000원) **홈페이지** ninascafe.wixsite.com/huecafe **전화** 0234-3838-636

이곳 주인의 딸 니나의 이름을 따서 니나스 카페로 이름을 지었다. 각종 여행 포털에서 높은 점수를 받고 있으며, 후에에서 맛은 물론 직원들이 친절하기로 소문난 식당이다. 인기 메뉴로는 넴루이(숯불에 구운 돼지고기)

가 있다. 저렴하고 맛 좋은 가정식 베트남 요리로 다양한 메뉴 선택도 가능해서 한 번쯤 찾아올 만한 곳으로 추천한다. 사전 예약도 가능 하며, 예약을 원 할 경우 이메일

(ninascafe@yahoo. com) 문의 또는 전화로 가능하다.

식사도 맥주 안주도 OK!
눅 nook [눅]

주소 7 Kiet 34 Nguyễn Tri Phương, Phú Nhuận, Hue, Thua Thien-Hue **위치** 패밀리 홈 레스토랑과 니나스 카페 옆 **시간** 8:00~22:00 **가격** VND 39,000~(아침), VND 45,000(프렌치프라이), VND 130,000~(빅 버거/약 6,500원) **홈페이지** www.facebook.com/nookcafebarhue **전화** 093-506-9741

복층 구조에 작고 사랑스러운 인테리어가 가득한 곳이다. 낮에는 카페로 저녁에는 수제 버거나 튀김 감자와 함께 맥주 한잔하기 좋

다. 눅nook 의 동그라미 2개는 하얀 자전거의 바퀴로 독특하게 표현하고 있다. 다낭에 있는 콩 카페의 코코넛 커피만큼이나 이곳에 있는 코코넛 스무디도 맛이 좋다.

시원한 소고기 쌀국수와 튀긴 고기 찐빵까지 맛볼 수 있는 곳
퍼 사이공 Pho Sai Gon PHỞ SÀI GÒN [포 사이 공]

주소 10 Nguyễn Văn Cừ, Vĩnh Ninh, Tp. Huế, Thừa Thiên Huế **위치** 리트엉끼엣(Lý Thường Kiệt) 거리를 걷다가 응우옌반꾸(Nguyễn Văn Cừ) 거리로 들어서면 보이는 위치 **시간** 6:00~23:00 **가격** VND 45,000(소고기 쌀국수, 반미 각 / 약 2,300원) **전화** 0234-3848-662

로컬 식당이지만 최근에 내부 인테리어 공사를 해서인지 깨끗한 편으로 소그룹의 외국인 관광객들이 찾는 식당이다. 깔끔하고 시원한 쇠고기의 진한 쌀국수가 메인 메뉴에 반미와 튀긴 고기 찐빵도 별미고, 추천 메뉴는 양지 쌀국수 퍼거우Phở Gầu, 반미Bánh mi다.

후에를 대표하는 식당으로 무리해서 갈만 한 곳
분보후에 Bun Bo Hue BÚN BÒ HUẾ [분 버 흐에]

주소 17 Lý Thường Kiệt, Vĩnh Ninh, Tp. Huế, Thừa Thiên Huế **위치** 리트엉끼엣(Lý Thường Kiệt) 거리와 응우옌반끄(Nguyễn Văn Cừ) 거리가 만나는 교차점 부근에 위치 **시간** 7:30~21:30(월~토) **휴무** 일요일 **가격** VND 35,000(한 그릇 / 약 1,800원) **홈페이지** www.diadiemhue.com **전화** 0234-3826-460

분(얇은 면 종류), 보(소고기), 후에(지역 이름). 즉, 분보후에는 후에 지역의 소고기국수라는 뜻이다. 국수를 주문하면 싱싱한 야채와 라임, 고추가 함께 나온다. 살짝 얼큰하게 먹기 위해서는 같이 나온 고추를 넣고, 매콤한 맛을 선호하는 경우에는 고추 양념장을 더 넣어서 먹어 보자. 후에는 다른 베트남 지역에 비해 햇볕이 유난히 강하고 비가 적게 오기 때문에 작고 매운 고추가 생산된다. 특성에 맞게 매운 양념을 넣은 소고기국수야말로 후에를 즐기는 바람직한 방법 중 하나다.

평점 1위를 선보이는 레스토랑
코코 클럽 Coco Club [꺼우 락 모 즈어]

주소 53 Hàm Nghi, Phước Vĩnh, Tp. Huế, Thừa Thiên Huế **위치 ①** 여행자 거리에서 도보 30분(오토바이 또는 택시 이용 시 10분 소요) **②** 함응이(Hàm Nghi) 거리에 위치, 르 도마인 드 코코도 호텔 옆 **시간** 6:30~22:30 **가격** VND 25,000~(후다[후에]맥주/ 약 1,300원), VND 100,000(치즈버거/ 약 5,000원) **홈페이지** www. ledomainedecocodo.com/cococlub-hue-restaurant-bar-lounge **전화** 093-246-8544

프랑스, 유럽, 베트남 요리를 제공하며 멋진 수영장 주변에 위치해 프랑스인이 요리하는 식당이다. 친절한 서비스와 맛있는 음식 그리고 분위기에 기분 좋은 식사를 할 수 있다. 바비큐 요리나 저녁에 마시는 칵테일 모히토 한잔도 추천한다.

강변 산책을 하면서 둘러보기 좋은 장소
후에 야시장 Hue Night Market Phố Đêm Huế [포 뎀 후에]

주소 Nguyễn Đình Chiểu, Vĩnh Ninh, Tp. Huế, Thừa Thiên Huế **위치** 구시가지 맞은편, 흐엉강 사이에 있는 쯔엉띠엔 다리(Cầu Trường Tiền)와 푸쑤언 다리(Cầu Phú Xuân) 사이에 위치 **시간** 18:00~22:00 **가격** 무료(별도 개인 비용 제외) **전화** 090-516-27-89

후에 구시가지와 신시가지 사이에 흐르는 흐엉강Sông Hương에 강변에서 열리는 야시장. 쯔엉띠엔 다리Cầu Trường Tiền 밑 강변을 따라 좌, 우 약 300미터 길이로 나눠 오후 6시부터 밤 10시까지 다양한 상점들이 즐비해 있다. 현지 기념품을 비롯해 소소한 공연과 그 밖에 각종 먹거리를 팔고 있어서 구경하는 재미가 쏠쏠하다. 화려하거나 거창하지 않아도 베트남 젊은이들의 활기찬 분위기를 가깝게 느낄 수 있는 곳이다. 후에를 방문했다면 한 번쯤 방문해 보자.

후에의 상징적인 대표 불교 사원
티엔무 사원(天姥寺) Thien Mu Pagoda Chùa Thiên Mụ [추어 티엔 무]

주소 Kim Long, Hương Long, Tp. Huế, Thừa Thiên Huế **위치** 흐엉 강변(Sông Hương)을 따라 서쪽으로 6km 떨어져 있는 곳에 위치 **시간** 8:00~17:00 **요금** 무료

높이 21m, 8각 7층인 후에의 상징적인 이 사원은 하늘의 신비한 여인이란 뜻의 티엔무라고 부르며 이 여인이 하늘에서 내려와 새로운 국가 번영을 예언했다고 전해진다. 1601년에 티엔무 사원이 창건되고, 복연탑(프억주엔 탑)은 1844년 응우옌 왕조 제3대 티에우찌 황제가 건설한 베트남의 가장 큰 석탑이다. 이 팔각탑의 오른쪽에는 1725년에 만들어진 정자가 있고 청동 거북 등 위에 비석이 세워져 있다. 첫 관문을 들어가면 마주치는 사천 왕상이 보이고, 왼쪽 산책로를 따라 안으로 들어가면 파란색의 오스틴 차량이 보인다. 부패한 남부의 베트남 초대 대통령인 응오 딘 지엠(Ngô Đình Diệm, 1901.1.3~1963.11.2) 정권에 저항하는 시위와 함께 천주교를 옹호했던 시위에 참여했던 승려를 사살해 종교 탄압이 심한 시기가 있었다. 1963년 6월 11일 틱꽝득 스님이 이 자동차를 타고 소신공양을 하고 분신자살을 했는데 이 모습이 미국 사진작가 말콤 브라

운에 의해 찍혔다. 이 사진은 외신으로 보도되면서 퓰리처상을 수상했다. 티엔무 사원의 가장 안쪽에 위치하고 있는 6층 석탑에는 저명한 주지 스님의 사리가 있다고도 한다.

화려한 무덤 뒤, 슬픈 황제
뜨득 황제릉 Tu Du c's tomb **Lăng Tự Đức** [랑 뜨득]

주소 17/69 Lê Ngô Cát, Thủy Xuân, Tp. Huế, Thừa Thiên Huế **위치** 후에 시내에서 8km 떨어진 곳에 위치,
담남지아오(Đàn Nam Giao) 앞 삼거리에서 레응오깟(Lê Ngô Cát) 거리를 우회전한 뒤 나오는 넓은 도로에 위치
시간 7:00~17:00 **요금** VND 100,000(통합 입장료 1인/ 약 5,000원)

응우옌 왕조 제4대 황제로 1847~1883년
35년간 통치했다. 이 능은 민망 황제릉과 함
께 후에에서 가장 아름다운 능으로 손꼽힌
다. 뛰어난 보존 상태 덕분에 많은 관광객이
찾는 뜨득 왕릉은 아름다운 연못과 중국풍의
정자가 어우러져 서정적인 분위기를 느낄 수
있다. 또한 다리, 탑, 정교하게 배치된 탑, 누
각 등으로 그 당시 화려했던 황제의 삶도 엿
볼 수 있다. 1864년부터 약 3,000명의 인
부가 동원돼 3년에 걸쳐 완공됐고, 완공 후
에도 황제는 16년을 더 살았다. 궁정 좌우에
는 문, 무인석과 코끼리, 말 등의 석상이 세워
져 있지만 다른 황제릉보다 작다. 그 이유는
뜨득 황제의 키가 153cm라 본인보다 큰 사
람들은 인재로 등용하지 않았다고 한다. 베
트남의 현존하는 공덕비 중에서 가장 크다
고 전해지며 그 무게만 20톤이 넘는다는 뜨
득 황제의 공덕비에는 자신의 업적뿐만 아니
라 자신의 잘못도 솔직히 기록했다고 한다.
이 비석을 운반하는 데에만 4년이 소요됐다
고 한다. 뜨득 황제는 무려 104명의 왕비를
거느렸으나 안타깝게도 후사를 보지 못해 사
촌 형제의 아들을 양자로 입양해 왕권을 물
려주었다. 3미터 높이의 벽을 돌아가면 황제
의 무덤이 있는데 황제의 유골은 없다고 한
다. 유골은 도굴을 방지하기 위해 왕릉 조성

작업에 동원됐던 200여 명의 인부와 신하를
참수해 철저히 비밀로 했으며, 어디에 묻혀
있는지에 대한 정확한 위치는 아직도 밝혀지
지 않았다.

잠깐 상식

뜨득 황제는 3대 티에우찌 황제의 아들로 대대적인 기
독교 탄압을 실시했고, 선교사 25명과 베트남 성직자
300명을 처형했는데 이 소식을 들은 프랑스가 다낭과
호찌민에 보복성 침략을 감행했다. 이에 베트남이 지
면서 뜨득 황제가 항복을 선언, 이로부터 프랑스 식민
지배가 시작된다.

관람 코스

매표소 ➡ 무겸문(남동쪽 출입문) ➡ 유경호
(인공 호수) ➡ 충겸사, 유겸사 ➡ 호수 왼쪽 계
단 ➡ 겸궁문 ➡ 화겸전 ➡ 양겸전 ➡ 문·무관
석상, 공덕비 ➡ 소겸지, 봉분

역대 왕릉 중 가장 작은 규모의 왕릉

동칸 황제릉
Tomb of Dong Khanh **Lang mộ của Đồng Khánh** [랑 모 꾸어 동칸]

주소 8 Đoàn Như Hải, Thủy Xuân, Tp. Huế, Thừa Thiên Huế **위치** 후에 시내에서 6km 떨어져 있고, 뜨득 황제릉 입구에서 오른쪽으로 500m 지나 도로 끝 **시간** 7:00~15:00(동절기), *하절기에는 17:30까지 **요금** VND 40,000(통합 입장료 1인 / 약 2,000원)

응우옌 왕조의 제9대 황제로 1885~1889년 5년간 통치 후 25세의 젊은 나이에 사망했다. 짧은 집권 시기로 역대 왕릉 중에서는 가장 규모가 작다. 뜨득 황제릉에서 걸어서 10분 거리에 위치한다. 다른 황제릉과는 달리 사당과 묘역을 두 개 구역으로 구분지었고, 요체를 매장한 무덤은 응희전 뒤쪽에 별도로 만들었다. 후대 황제가 수시로 교체돼 황제릉이 완공되기까지는 무려 35년이란 시간이 소요됐다. 내부는 부분 복원 공사 중이나 작은 규모라 관람은 가능하다.

쇄국 정책을 고수한 검소한 성격의 황제릉

티에우찌 황제릉
Tomb of Emperor Thieu Tri **Lang Mộ Thiệu Trị** [랑 모 티우찌]

주소 Thủy Bằng, Huế, Thừa Thiên Huế **위치** 후에 시내에서 8km 떨어져 있고, 뜨득 황제릉 입구에서 남쪽으로 2km 지난 곳에 위치 **시간** 7:00~15:00(동절기), *하절기에는 17:00까지 **요금** VND 40,000(통합 입장료 1인 / 약 2,000원)

응우옌 왕조의 제3대 황제로 1841~1847년을 재위했다. 2대 민망의 아들로 쇄국 정책을 고수했으며, 프랑스 선교사의 입국자체를 거부했다. 문학적 재능이 매우 높았다고 전해지며, 검소한 성격으로 자신의 무덤을 건설하려고 특별히 노력하지 않았다. 공덕비와 봉분을 제외하고는 대부분 파손됐으며 찾는 사람도 없어 한적한 황제릉

의 모습을 띠고 있다.

화려한 궁전 같은 유럽풍 건축물의 무덤

카이딘 황제릉
Tomb of Emperor Khai Dinh **Lang mộ của vua Khải Định** [랑 모 꾸어 부 카이딘]

주소 Khải Định, Thủy Bằng, Tp. Huế, Huế **위치** 후에 시내에서 남쪽으로 10km 떨어진 차우구 언덕에 민망 황제릉을 지나 QL49번 도로 카이딘(Khai Dinh) 길을 따라 동쪽으로 4km 가다가 왼편에 위치 **시간** 7:00~17:00 **요금** VND 100,000(통합 입장료 1인/ 약 5,000원)

카이딘 황제는 응우옌 왕조 12대 황제로 1916~1925년 9년을 통치했다. 이 능역의 규모는 117m×48.5m로 선대 황제들의 능역에 비해 작은 편이나, 1920년에 짓기 시작해 1931년에 완성된 웅장하면서 서구적인 콘크리트 건축물이다. 중국식을 본뜬 여타 황제능과는 확연히 대비되는데, 내부는 색조 유리와 자기로 동양적인 문양을 대단히 섬세하게 장식적으로 표현하고 있다. 황제의 무덤이 위치한 본 건물인 계성전에는 청동에 금박을 입힌 카이딘 황제의 동상이 있으며, 황제의 유골은 이 동상 아래 지하 18m 깊이에 위치하고 있다. 황제의 묘역인 천정궁(天定宮) 천장에는 9마리의 용이 구름으로 휘감고 있고, 바닥은 꽃으로 장식돼 있다. 아버지 동카인처럼 카이딘은 프랑스 통치자들의 인형 노릇을 하며 화려한 궁전 생활을 했으며 베트남인들은 카이딘을 자신의 안일을 위해 조국을 배신한 황제로 기억하고 있다.

관람 코스

매표소 ➡ 삼관문 ➡ 계단 ➡ 패방(콘크리트로 지어짐) ➡ 문·무관, 말, 코끼리 석상 ➡ 계단 ➡ 비정 ➡ 천정궁(天定宮) ➡ 계성전(황제의 유해가 묻혀 있는 곳) ➡ 카이딘 황제 동상과 전시실 ➡ 카이딘 황제 사진, 가족의 사진

응우옌 왕조의 대표적인 황제

민망 황제릉 Tomb of Minh Mang Lăng Minh Mang [랑 민만]

주소 QL49, Hương Thọ, Tx. Hương Trà, Thừa Thiên Huế **위치** 후에 시내에서 남쪽으로 12km 떨어져 있고 흐엉 강변의 숲속에 위치 **시간** 7:00~17:00 **요금** VND 100,000(통합 입장료 1인/ 약 5,000원)

응우옌 왕조 제2대 황제로 효릉으로 불리며, 1820~1840년 20년을 통치했다. 민망 황제는 500여 명의 부인과 142명의 자녀를 두었다. 그의 아들인 티에우찌 황제가 1843년 이 능을 완성했다. 통치 시대에는 참파와 베트남의 싸움을 종식시키고, 캄보디아의 일부와 남중국의 일부도 제국 하에 있었다. 다른 황제들과는 달리 프랑스 문화를 배척하고 중국의 유교 문화를 선호했는데 황제릉 역시 유교의 풍수지리에 따라 설계했으며, 중국의 건축 양식을 기반으로 했다. 왕릉에는 40여 개의 건축물이 있는데 대칭축 구조로 지어져 3개의 문을 지나야만 황제의 무덤에 도달할 수 있다. 천천히 구경하기 좋은 구조로 되어 있고, 묘지는 도굴되었을 것으로 짐작되나 내부는 직접 들어가서 볼 수는 없다. 가장 웅장한 흙 무덤이며 입구의 인공 호수가 아름다운 곳으로 산책하기 좋은 왕릉이기도 하다.

🌲 **관람 코스**

매표소 ➡ 대홍문, 좌홍문, 우홍문 ➡ 문·무관, 말, 코끼리 석상 ➡ 공덕비 ➡ 현덕문 ➡ 숭은전 ➡ 홍택문 ➡ 명루 ➡ 패방 ➡ 신월호 ➡ 33개 계단 ➡ 황릉

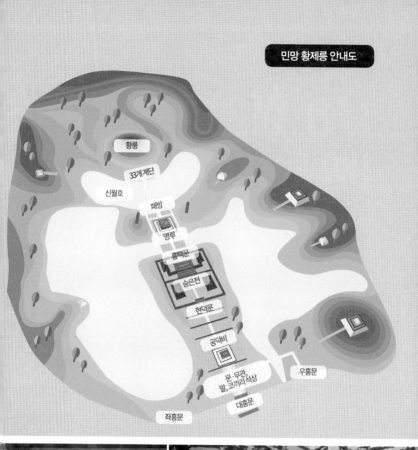

민망 황제릉 안내도

황릉

33개계단

신월호

패방

명루

홍택문

숭은전

현덕문

공덕비

문·무관,
말, 코끼리 석상

우홍문

좌홍문

대홍문

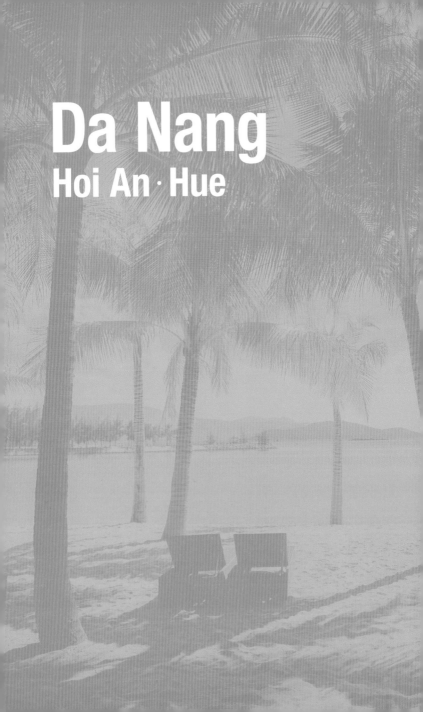

Da Nang
Hoi An · Hue

Best Hotel

VIETNAM

다낭 &
호이안 & 후에
추천 숙소

숙소는 크게 호텔과 리조트로 나뉘고, 리조트는 다시 리조트와 풀 빌라로 나뉘고, 풀 빌라는 다시 풀 빌라와 레지던스형 풀 빌라로 나눈다. 지금, 다낭은 세계 각국에서 수많은 비행기가 들어가고 수많은 여행자가 방문하고 재방문하는 곳이다. 세계적인 유명 호텔 그룹들은 지금도 최고의 리조트 건설이 한창이다. 신혼여행으로 프라이빗한 풀 빌라를 찾았던 고객층에게는 단거리 노선인 다낭이 풀 빌라를 포함한 다양한 숙소를 선택할 수 있어 매력적이다. 이 책에서는 현재 다낭을 찾는 고객의 니즈를 충족하고자 숙박편에 좀 더 세세하게 작성하려고 비중을 두었다. 휴양지인 다낭에서는 특히 리조트의 선택이, 관광지인 호이안에서는 호텔의 선택이 중요하다.

숙소에 대한 궁금점 Q & A

1박 투숙 금액 기준 5만 원 이하의 숙박 상태는 괜찮을까?

YES 3성급 이하의 게스트 하우스, 미니 호텔부터 4성급 호텔 및 호이안의 4성급 리조트 객실 요금 기준으로도 가능하다.

좋은 리조트일수록 예약은 여행사에서?

NO 여행사, 카페, 호텔 사이트, 호텔 비교 사이트, 호텔 예약 전문 사이트, 쇼셜커머스 등 다양한 판매 채널을 활용하자. 숙박권(호텔 바우처 등)만 여행사에서 구입 또는 다낭 관련 인터넷 카페 등의 직거래로 보다 저렴한 경우도 있고, 반대로 호텔 사이트에서 얼리버드 예약 프로모션을 이용하면 간혹 룸 업그레이드나 베네핏이 제공되는 경우가 있다. 여러 경로로 비교해 보고 선택하자.

너무 호텔이 많아서 정하기 어렵다면?

UP TO YOU 바다 앞 야자수 나무와 커다란 수영장에서 휴양을 꿈꾸는 여행이면 리조트를, 프라이빗한 커플 여행이나 조용한 휴식을 원한다면 1베드 룸 풀 빌라를, 대가족 여행(환갑, 칠순 여행)이라면 3베드 룸 풀 빌라를, 혼자만의 여행이나, 배낭여행처럼 저렴한 여행이라면 게스트 하우스나 홈스테이, 호스텔을, 시내 도심에서 나이트 라이프나 도심 라이프가 좋다면 시내 호텔을 선택하자.

호이안에서 숙소를 잡는 게 괜찮을까?

YES 오전 출발 비행기로 출발하는 여행이나, 호이안의 낮과 밤, 호이안의 다양한 맛집과 카페들은 2박 이상 머물 충분한 이유가 될 수 있다. 다낭보다도 숙박 요금이 저렴한 편으로 동급 리조트나 호텔을 예약해도 더 좋은 객실 예약이 가능한 장점도 있다.

얼리 체크인·레이트 체크아웃이 가능할까?

YES 오전 출발 비행기로 다낭에 도착하면 일반적인 체크인시간인 오후 두시보다 이른 시각이다. 객실 예약 현황에 따라 얼리 체크인(Early Cheak-in) 가능 여부는 당일 체크인 시 알 수 있으며, 만약 불가한 경우 리셉션 등에서 짐을 먼저 보관해 주기 때문에 도착 후 바로 숙소로 가는 게 좋다. 레이트 체크아웃(Late Cheak-out)의 경우는 저녁 출발 비행기로 나가는 고객이 체크아웃 후 오후 반나절 시간을 여유롭게 보내기 위해 요청한다. 이 또한 사전 요청이 가능한 경우가 있고, 당일에 확인되는 경우가 있으니 잘 체크하자. 레이트 체크아웃의 경우 2시간 이내 까지는 무료로 해주는 경우도 있으나 일반적으로 객실 요금의 50% 정도를 추가 결제 시 가능한 경우가 대부분이다.

다낭 & 호이안 & 후에 숙박에서 기억할 점

숙소 선택 시 원하는 포인트를 잡으면 더 쉽게 숙소를 정할 수 있다.
숙박료에 비례하는 서비스와 숙소별 콘셉트를 이해하자.

깔끔한 당신이라면?
턴다운 서비스 Turn-down Service

· 기본적으로 낮에 객실 청소를 하는 것 외에, 저녁 시간에
  객실 침구를 다시 정리해 주는 서비스를 말한다.
· 4, 5성급 이상의 특급 호텔 & 리조트에서는 매일 1~2회
  턴다운 서비스를 제공한다.
· 키친 시설이 있는 레지던스형 숙소에는 제공되지 않는다.

자격이 있는 서비스?
클럽 베네핏 Club Benefits

· 인터컨티넨탈 페닌슐라나 하얏트 리젠시 등의 클럽 룸 이상이
  이용하는 서비스로, 대표적인 클럽 라운지 이용 및 칵테일
  아워, 무료 미니바 사용, 객실 내 조식 서비스, 무료 음료(풀
  장) 등의 서비스를 제공한다.
· 숙소 밖을 나가지 않고 머무르면서 호텔 레스토랑만 이용
  하게 되면 금액적으로 부담감이 크다.
· 클럽 베네핏의 추가 비용을 체크해서 이용하는 부분이 더 저
  렴한 경우도 많아서 잘 활용해 보자.

호텔 마사지 포함?
스파 인클루시브 Spa-inclusive

투숙하는 객실 요금에 스파 서비스가 포함된 것을 말하며, 4성
급, 5성급 특급 리조트나 호텔에서 일정 시간의 무료 쿠폰이
나 스파 할인 쿠폰을 제공하는 경우가 있다. 스파가 포함된
객실 요금으로 제공하는 대표적인 숙소는 다낭 퓨전 마이아
이며 하루 기준 2회 스파 서비스가 포함되며 사전 예약으로
진행된다. 스파는 얼굴, 손, 발, 전신 등 다양한 프로그램이
있다. 나만 리트리트, 알마니티 호이안, 앙사나 랑코, 반얀트
리 랑코 등이 스파 포함 요금으로 판매한다.

전 일정 리조트 식사?
풀 보드 Pull-board, 하프보드 Half-board

- **FULL BOARD(FB)** 풀 보드란 투숙 기간에 아침, 점심, 저녁 식사를 호텔식으로 제공하는 서비스
- **HALF BOARD(HB)** 하프 보드란 아침과 점심 또는 저녁 식사를 제공하는 서비스로 또는 점심 1번 또는 저녁 1번으로 선택하는 서비스

대표적으로 빈펄 리조트, 하얏트 리젠시, 나만 리트리트, 퓨전 마이아 리조트 등이 있다.

교통 서비스 이용?
셔틀버스 Shuttle Bus, 자전거 대여 Bicycle Rental

- 4성급 이상의 숙박 등에서는 투숙객들에게 좀 더 나은 서비스를 위해 30분 정도 걸리는 다낭과 호이안 사이를 오가는 셔틀버스 서비스를 제공한다. 숙소↔다낭 국제공항, 숙소↔호이안, 숙소↔다낭, 숙소↔안방 비치 등의 루트가 있으며 무료 또는 유료로 호텔마다 다르다.

- 자전거 대여는 리조트 내에서 이용 또는 호이안의 경우는 호이안 올드 타운에서 투숙객들의 편의를 위해 무료로 자전거를 대여해 주거나 약간의 보증금을 받고 대여 서비스를 제공한다.

현지 돈은 어디에서 바꾸지?
환전 서비스 Exchange

일반적으로 환전은 다낭 금은방이나 롯데마트, 다낭 국제공항, 호이안 올드 타운 내 상점 등에서 바꾸지만 투숙 호텔에서 바꾸는 경우도 적지 않다. 환전은 미국 달러로 한국에서 환전 후 다낭에서 환전하는 것이 일반적이다. 100달러 큰 지폐로 환전 후에 현지 화폐(동)로 바꾸는 편이 환전율이 높으며 호텔에서도 환전 서비스가 잘 돼 있는 나라다.

퓨전 마이아 리조트 Fusion Maia Resort

주소 Võ Nguyên Giáp, Q. Ngũ Hành Sơn, Khuê Mỹ, Ngũ Hành Sơn, Đà Nẵng **위치** 호텔에서 호이안까지 30~35분(택시 기준) **요금** $600~(1베드 룸 풀 빌라) **객실 타입** 풀 빌라(1베드 룸), 스파 빌라(2베드 룸), 비치 프런트 풀 빌라(3베드 룸) *객실 타입 대부분 1베드 룸 **셔틀버스** 공항(유료), 호이안(무료/ 1일 4회) **홈페이지** fusionmaiadanang.com **전화** 0236-3967-999

매일 2회 스파가 투숙객에게는 무료 포함이라는 것은 가장 큰 매력 포인트다. 50개의 트리트먼트 룸(매일 10:00~22:00, 체크아웃 날에는 12:00 이전 사용 조건)이 있다(얼굴, 네일, 페디, 다양한 트리트먼트 가능. 단, 만 16세 미만의 고객은 스파 출입이 제한). 전용 수영장, iPod 플레이 리스트, 평면 TV가 갖추어진 5성급 빌라로 한국인 스태프가 상주하고 있어 프로그램 이용 시에 용이하다. 휴식이 목적이라면 훌륭한 액티비티 프로그램과 바다 앞에서 요가 강습을 받는 여유로운 시간도 가져 보길 추천한다. 언제 어디서나 가능한 아침 식사 스파 프로그램 중에는 대나무를 따뜻하게 해 혈액 순환에 좋은 마사지 프로그램Active Bamboo Rollout을 추천한다.

나만 리트리트 Naman Retreat

주소Trường Sa, Ngũ Hành Sơn, Hòa Hải, Đà Nẵng **위치** 호텔에서 호이안까지 20~25분 **요금** $500~(1베드 룸 풀 빌라), $650~(2베드 룸 풀 빌라) **셔틀버스** 공항(유료), 호이안(무료) *공항에서 호텔까지 택시 이용 시 약VND 200,000 **홈페이지** namanretreat.com/kr/retreat **전화**0236-3959-888

스파 룸과 자쿠지, 사우나, 요가 파빌리온 등의 부대시설과 요가, 태극권, 하이킹 수업 등의 프로그램도 유명하다. 대나무의 친환경 인테리어가 인상적이다. 객실 예약 시 스파를 함께 이용할 수 있는 프로모션을 확인할 것(15개의 트리트먼트 룸). 호텔 안에 있는 하이 하이Hay hay 레스토랑의 스팀 라이스와 소고기 요리를 추천한다.

빈펄 다낭 리조트 앤 빌라 Vinpearl Da Nang Resort & Villas

주소 Biệt thự Vinpearl Đà Nẵng, Trường Sa, Hòa Hải, Ngũ Hành Sơn, Đà Nẵng **위치** 호텔에서 호이안까지 20~25분(택시 기준) **요금** 리조트 객실: $215(디럭스 룸), $245(디럭스 오션), 오션 풀 빌라: $450~ (2베드) **셔틀버스** 공항(유료), 호이안(유료), 시내 빈컴 쇼핑센터(무료) **홈페이지** www.vinpearl.com **전화** 0236-3968-888

레스토랑 내에 있는 고메Gourmet 레스토랑에서는 개인 고객 및 VIP 고객의 다양한 식사 공간을 제공하며, 해산물 요리와 베트남 요리를 제공하는 오리엔탈Oriental 레스토랑도 추천할 만하다. 전통적인 홈메이드 커피와 케이크 및 스낵을 즐길 수 있는 테라스 카페도 방문해 보길 바란다.

 빈펄 다낭 리조트 앤 빌라 객실 타입

디럭스 Deluxe
가든 뷰 / 총 20객실 / 54.4m^2- 수영장 뷰 / 총 40개의 객실 / 54.4m^2

오션 디럭스 Ocean Deluxe
오션 뷰와 수영장 뷰 / 총 27개의 객실 / 54.4m^2
· 오션 뷰 / 총 65개의 객실 / 54.4m^2
· 1층에 위치, 스펙타클한 오션 뷰 / 총 10객실(킹 6개, 트윈 4개) / 54.4m^2

파노라믹 Panoramic
· 산, 수영장, 오션 뷰를 제공 / 총 12개의 객실(킹 12개) / 69.5m^2
· 이그제큐티브 스위트(Executive Suite): 와인 냉장고가 있는 스위트 룸 / 총 8개의 객실 / 108m^2
· 로열 스위트(Royal Suite): 와인 냉장고가 있는 스위트 룸 / 총 2개의 객실(킹) / 120m^2

빌라 타입
· 라군 빌라(Lagoon): 가족 휴가를 보내기 위해 적합한 장소 / 총 8개 빌라 / 575m^2
· 오션 뷰(Ocean View): 오션 뷰 / 총 6개 빌라 / 575~628m^2
· 오션 프런트 빌라(Ocean Front): 오션 뷰 / 총 2개 빌라 / 628m^2
· 비치 프런트 빌라(Beach Front Villa): 하얀 모래 사장 앞 위치 / 총 7개 빌라 / 575~628m^2

빈펄 다낭 오션 리조트 앤 빌라 Vinpearl Da Nang Ocean Resort and Villas

주소 Truong Sa Street, Hoa Hai Ward 위치 ❶ 다낭 국제공항에서 13km(차량 약 20분) ❷ 호이안까지 17km(차량 약 25분) 요금 $400~ (2베드 룸), $600~ (3베드 룸) 객실 타입 2베드 룸, 3베드 룸, 4베드 룸 셔틀 버스 호텔·호이안 간 유료 셔틀버스 운영 홈페이지 www.vinpearl.com/ko/vinpearl-da-nang-resort-villas 전화 0234-396-6888

2017년 5월에 오픈한 또 다른 빈펄 리조트다. 전 리조트 객실은 풀 빌라로 이루어져 있고, '빈펄 2'라고 불린다. 가족 여행 또는 단체 여행자라면 눈여겨볼 만한 가성비 높은 럭셔리 숙소다. 2베 드 풀 빌라 총 27채, 3베드 풀 빌라 총 78채, 3베드 오션 풀 빌라 총 12채, 4베드 풀 빌라 총 7채 로 122개의 객실을 갖추고 있는 대형 리조트다. 빈펄 다낭 오션 리조트 앤 빌라는 전 객실 개인 전용 풀장이 있어서 시간에 제약 받지 않고 객실에 있는 풀장에서 마음껏 수영을 즐길 수 있는 장점이 있다. 또한 리조트 전용 해변에서 시간을 보내거나 수영장 또는 테니스 코트 등 레크리에 이션 시설을 이용할 수 있도록 다양한 부대시설도 갖추고 있다. 리조트 내에서는 무료 와이파이 를 이용할 수 있고, 레스토랑은 총 3개로 로비 1층에 1개, 로비 2층에 2개가 있다.

빈펄 다낭 오션 리조트 앤 빌라 투숙 팁

한 객실에 몇 명까지 투숙할 수 있나요?
· 2베드 풀 빌라: 투숙 가능한 최대 인원은 성인 4명 + 아동 또는 유아 4명
· 3베드 풀 빌라: 투숙 가능한 최대 인원은 성인 6명 + 아동 또는 유아 6명
· 4베드 풀 빌라: 투숙 가능한 최대 인원은 성인 8명 + 아동 또는 유아 8명

리조트 이용 시 유의해야 할 사항
· 전 객실 엑스트라 베드 추가는 불가
· 조식 이용 시 반드시 개인당 룸 키 지참 필수
· 메인 수영장은 오전 6시부터 저녁 6시까지만 이용 가능

호텔-호이안 셔틀버스 시간표(2018년 5월 기준)
· 편도: 성인 100,000동(약 4,700원), 어린이(6~11세) 50,000동(약 2,300원)
· 호텔→호이안: 9:40, 12:40, 14:40, 17:10, 19:40, 21:20
· 호이안→호텔: 10:15, 12:45, 15:15, 17:45, 20:15, 21:30

프리미어 빌리지 다낭 리조트 매니지드 바이 아코르
Premier Village Danang Resort Managed by Accor

주소 99, Võ Nguyên Giáp, Mỹ An, Ngũ Hành Sơn, Đà Nẵng **위치** 호텔에서 호이안까지 40분(택시 기준) **요금** $340~500(2베드 룸 풀 빌라) **객실 타입** 전 객실이 풀 빌라 타입으로 가든 뷰, 오션 뷰, 비치 프론트(2베드~5베드 룸 타입) **셔틀버스** 공항(유료), 호이안(무료) **홈페이지** accorhotels.com **전화** 0236-3919-999

빌리지답게 하나의 마을처럼 모든 객실이 풀 빌라 타입이다. 걸어서 메인 풀장까지는 어렵고 버기카를 부르거나 무료 자전거 대여를 이용해서 이동해야 한다. 키즈 클럽 내 여러 프로그램이 있고, 베이비시터(유료 1시간 $10/ VND 210,000) 이용이 가능하다. 전 객실이 4베드 룸 타입이라 4명이 이용 시에는 두 개 방을 잠그고 사용한다. 리조트가 제공하는 3개의 레스토랑에서 다양한 요리를 즐기거나, 레몬그라스 레스토랑Lemongrass Restaurant에서는 세계 각지의 요리를, 옥상의 노티칼 비치 클럽Nautical Beach Club에서 각종 와인과 칵테일을 맛보는 것도 여행의 기쁨이다.

하얏트 리젠시 다낭 리조트 앤 스파
Hyatt Regency Danang Resort & Spa

주소 5 Truong Sa St, Hòa Hải, Ngũ Hành Sơn, Đà Nẵng **위치** 호텔에서 호이안까지 30분(택시 기준) **요금** $250~(게스트 룸), $280~(오션 뷰 게스트 룸), $350~(리젠시 클럽 오션뷰 룸) **객실 타입** 리조트 객실(게스트 룸, 오션 뷰 게스트 룸, 리젠시 클럽 오션 뷰 룸, 리젠시 스위트 룸), 레지던스 객실(1베드 룸 레지던스, 2베드 룸 레지던스, 3베드 룸 레지던스), 빌라 객실(3베드 룸 오션 빌라, 3베드 룸 비치 프론트 빌라) **셔틀버스** 공항(유료), 호이안(유료) **홈페이지** danang.regency.hyatt.com **전화** 0236-3981-234

깔끔한 화이트 톤의 군더더기 없는 세련된 하얏트 호텔은 젊은 층이 유독 선호하는 곳이다. 리젠시 클럽 베네핏 이용이 가능한 객실은 리젠시 클럽 오션 뷰 룸과, 리젠시 스위트 룸, 빌라 객실타입 2객실만 이용 가능하다. 편안한 침구와 모던한 가구 디자인, 3베드 풀 빌라에서는 취사도 가능하다. 하얏트 리조트에 메인 풀장에는 모래가 깔려 있어 해변으로 나가지 않아도 되는 장점이 있어 미취학 아동을 동반한 가족 여행으로 합리적이다. 또한 논느억 해변에 위치하고 오행산까지도 근접해 있다.

그랜드 브리오 오션 리조트 다낭 Grand vrio Ocean Resort Danang

주소 Lac Long Quan St., Viem Dong Hamlet, Dien Ngoc Ward, Dien Ban Town, Quang Nam Province **위치 ①** 다낭 국제공항에서 18km(차량 약 30분) **②** 호이안까지 13km(차량 약 20분) **요금** $150~(디럭스), $180~(그랜드 디럭스), $350~(1베드 룸 풀 빌라) **객실 타입** 디럭스, 그랜드 디럭스, 스윗, 풀 빌라 등 **셔틀버스** 공항(유료) **홈페이지** www.grandvrioceanresortcitydanang.com **전화** 0235-3788-994

2017년 10월에 오픈한 그랜드 브리오 오션 리조트는 전용 비치를 보유하고 있는 리조트다. 구역상으로는 호이안에 위치해 있다. 총 54개의 풀 빌라와 96개의 객실을 보유하고 있으며, 일본 호텔 매니지먼트 그룹 루트 인 그룹Route Inn Group에서 운영하고 있는 리조트로, 일본 특유의 친절이 잘 반영돼 있는 리조트다. 또한 리조트 내 무료로 이용할 수 있는 온천탕이 있다는 것과 상당한 규모의 스파를 같이 운영하고 있어서 스파 포함된 가격으로 예약을 할 경우 현장에서 지불하는 금액보다 저렴한 금액으로 매일 스파를 이용할 수 있다는 게 큰 특징이다.

쉐라톤 그랜드 다낭 리조트 Sheraton Grand Da Nang Resort

주소 35 Truong Sa Street, Hoa Hai Ward, Ngu Hanh Son District Danang **위치 ①** 다낭 국제공항에서 11km(차량 약 20분) **②** 호이안까지 15km(차량 약 20분) **요금** $220~(디럭스 풀뷰), $240~(디럭스 베이뷰) **객실 타입** 디럭스 풀뷰, 디럭스 베이뷰, 디럭스 씨뷰 등 **셔틀버스** 공항(유료) **홈페이지** www.starwoodhotels.com/sheraton/property/overview/index.html?propertyID=4283&EM=VTY_SI_4283_DANANG_OVERVIEW **전화** 0236-398-8999

2018년 1월 25일 오픈한 쉐라톤 그랜드 다낭 리조트는 다낭과 호이안 중간에 위치해 있다. 총 258개의 객실을 보유하고 있는 5성급 리조트로, 전 객실 욕조와 발코니가 있다. 다낭 골프 클럽 바로 맞은편에 위치하고 있으며 몽고메리와도 접근성이 상당히 우수해 골프 여행자들을 위한 5성급 리조트라고 해도 과언이 아니다. 수영장은 2개의 랩 풀(기다란 형태의 수영장)과 해변 앞 1개의 인피니티 풀이 이어져 있으며 총 길이가 250m에 달하는 아주 긴 수영장이 갖춰져 있다. 단, 비용에 비해 객실 전망 만족도나 조식은 호불호가 나뉘는 점 참고하자.

인터컨티넨탈 다낭 선 페닌슐라 리조트
InterContinental Danang Sun Peninsula Resort

주소 Bai Bac, Sontra Peninsula, Thọ Quang, Đà Nẵng **위치** 호텔에서 호이안까지 1시간(택시 기준) **요금** $550~(클래식 룸) **객실 타입** 클래식 룸, 손 트라 룸, 클럽 룸, 1베드 빌라, 2베드 빌라, 3베드 페닌슐라 레지던스 빌라 **셔틀버스** 공항 (유료), 호이안 (무료) **홈페이지** www.ihg.com **전화** 0236-3938-888

모든 객실이 고급스러운 인테리어와 전용 발코니를 갖추고 있으며, 산기슭에 위치해 독특하고 멋스러운 느낌이 있다. 바다 전망인 객실, 전용 해변에는 니베아 선크림과 에비앙이 언제든 구비가 되어 있어 물놀이 후 갈증나거나 따가운 햇볕에서도 보호할 수 있게 구비돼 있다. 인터컨티넨탈은 세계적으로 유명한 호텔 체인이지만 유독 다낭의 선 페닌슐라 리조트가 사랑받고 있다. 해발 100m에 자리한 시트론 레스토랑Citron Restaurant의 전용 부스에서 갓 요리한 베트남 산해진미 요리를 맛보는 행복을 누려 보자. 해변에서 편안하게 식사하려면 베어풋Barefoot에 들러 맛있는 해산물과 그릴 고기 요리를 곁들여 와인 한 잔을 즐겨 보자. 버팔로 바Buffalo Bar에서는 빈티지 샴페인을, 라 메종 1888La Maison 1888에서는 바다 전망을 즐기며 프랑스 전문 요리를 맛볼 수 있으며 저녁 식사만 제공한다. 현재 로비가 공사 중이라 이동한 곳에서 체크인을 대신하며, 로비 공사는 올해 11월 종료될 예정이나 시기는 변동될 수 있다. 일몰과 일출을 다 볼 수 있는 인피니트 풀장이 있으며 클럽 룸 이상부터 이용하는 클럽 베네핏은 일반 객실에서 추가 비용을 지불하고 이용할 수 있다. 클럽 베네핏은 공항 → 호텔 간 리무진 송영 서비스, 24시간 클럽 라운지, 무료 다림질 서비스(2인), 미니바 음료 무료 등의 크고 세세한 혜택이 있어 만족도가 높다.

다낭 골든 베이 Danang Golden Bay

주소 20 Đống Đa, Thuận Phước, Q. Hải Châu, Đà Nẵng 위치 ❶ 다낭 국제공항에서 10km(차량 약 20분) ❷ 호이안까지 30km(차량 약 50분) 요금 $100~(슈페리어), $130~(디럭스) 객실 타입 슈페리어, 디럭스 등 셔틀 버스 공항(유료) 홈페이지 dananggoldenbay.com 전화 0236-3878-999

2017년 10월에 오픈한 983개의 객실을 보유한 대형 특급 호텔이다. 이 호텔이 특이한 것은 금을 가미한 인테리어를 했다는 것이다. 호텔이 온통(?) 금으로 뒤덮여져 있다고 해도 과언이 아니다. 무엇보다 화려한 건 24k 황금으로 만들어진 루프톱 수영장이다. 화려한 분위기로 다낭 시내를 한눈에 내려다볼 수 있으며 마치 싱가포르에 있는 마리나베이샌즈 호텔을 연상케 한다. 골든 베이는 고대 도시 및 색조 도시, 풍부한 역사적 이야기를 모두 조화시킨 세련된 호텔이다.

더 나로드 다낭 The Nalod Da Nang

주소 192 Vo Nguyen Giap Street, Son Tra District 위치 ❶ 다낭 국제공항에서 8km(차량 약 20분) ❷ 호이안까지 25km(차량 약 40분) 요금 $80~(슈페리어 시티뷰), $90~(슈페리어 오션뷰) 객실 타입 슈페리어 시티뷰, 슈페리어 오션뷰 등 셔틀버스 공항(유료) 홈페이지 nalod.vn/en/ 전화 0236-3913-999

2017년에 오픈한 가성비 좋은 호텔이다. 미케 비치 앞에 위치하고 있고, 총 19층으로 이루어진 호텔로 오션뷰 객실을 선택하면 시원한 다낭 바다 전망을 볼 수 있다. 5~9층은 슈페리어 룸, 10~18층은 디럭스 룸이며 고층으로 올라갈수록 객실 금액도 높아진다. 객실도 깨끗하고 위치도 좋아서 인기가 급상승 중인 이 호텔에서 아쉬운 점이 있다면 수영장이 바다를 바라보는 곳에 있지 않고 시내 쪽에 위치해 있다는 점이다.

오션 빌라 Ocean Villas

주소 Sơn Trà - Điện Ngọc St, Trường Sa, Hòa Hải, Ngũ Hành Sơn, Đà Nẵng 위치 호텔에서 호이안까지 25~30분(택시 기준) 요금 $280~(1베드 룸 풀 빌라), $300~(2베드 룸 풀 빌라), $390~(3베드 룸 풀 빌라) 객실 타입 1베드 룸 ~ 4베드 룸 풀 빌라와 5베드 룸 비치 프론트 빌라 셔틀버스 공항(유료), 호이안(무료) 홈페이지 theoceanvillas.com.vn 전화 0236-3967-094

1베드 룸 풀 빌라(성인 2명+아동 1명), 2베드 룸 풀 빌라(성인 4명+아동 2명), 3베드 룸 풀 빌라(성인 6명+아동 3명), 4베드 룸 풀 빌라(성인 8명+아동 4명)이 투숙 가능 인원이다. 다낭 골프 클럽이 인근에 있어 가족 단위 골프 관광객이 선호하며, 캐주얼 풀 빌라다.

푸라마 리조트 앤 빌라 Furama Resort & Villas Danang

주소 Vo Nguyen Giap St, Khuê Mỹ, Ngũ Hành Sơn, Đà Nẵng **위치** 호텔에서 호이안까지 30~35분(택시 기준) **요금** $250~(슈페리어 리조트동), $580~(1베드 룸 풀 빌라) **객실 타입** 리조트 타입과 풀 빌라 타입으로 나눔(1베드 룸~4베드 룸 타입) **셔틀버스** 공항(유료), 호이안(무료) **홈페이지** furama-villas.com **전화** 091-336-2211

걸어서 5분 거리에 유명한 맛집도 찾아갈 수 있어 다낭 시내 접근성이 좋다. 바다와 석호, 열대 정원이 잘 어우러져 있어 산책하기 좋고, 객실마다에는 베트남 전통 모자, 우산까지 구비돼 있다.

풀만 다낭 리조트 Pullman Danang Resort

주소 101 Vo Nguyen Giap street, Khue My Ward, Khuê Mỹ, Đà Nẵng **위치** 호텔에서 호이안까지 25분(택시 기준) **요금** $235~(슈페리어 룸), $250~(디럭스 룸) **객실 타입** 슈페리어 룸, 디럭스 룸, 주니어 스위트, 그랜드 스위트 룸, 스위트 룸 **셔틀버스** 공항(유료), 호이안(유료) **홈페이지** www.pullman-danang.com **전화** 0236-3958-888

자유 여행객, 패키지여행객 할 것 없이 다양한 사람에게 인기 많은 특급 리조트다. 최근 새로 생겨난 신규 리조트들이 많지만 아직까지 꾸준한 사랑을 받고 있다.

멜리아 다낭 리조트 Melia Danang Resort

주소 19 Truong Sa, Hoa Hai Ward, Ngu Hanh Son, Đà Nẵng 위치 호텔에서 호이안까지 20분(택시 기준) 요금 $180~(게스트 룸), $280~(레벨 빌라) 객실 타입 게스트 룸, 디럭스 룸, 프리미엄 룸, 레벨 빌라 룸 셔틀버스 공항(유료), 호이안(유료) 홈페이지 melia.com 전화 0236-3929-888

친절한 직원과 한국인 입맛에 맞는 조식이 갖춰진 리조트다. 시내에서 조금 떨어져 있긴 하지만 오히려 한적한 휴양을 보내고자 하는 사람들이 선호하는 곳이다.

퓨전 스위트 다낭 비치 Fusion Suites Danang Beach

주소 An Cu 5 Residential, Mân Thái, Sơn Trà, Đà Nẵng 위치 호텔에서 호이안까지 30분(택시 기준) 요금 $175~(칙 스튜디오), $220(오션 스위트) 객실 타입 칙 스튜디오, 오션 스위트, 퓨전 스위트 룸 셔틀버스 공항(유료), 호이안(유료) 홈페이지 fusionsuitesdanangbeach.com 전화 0236-3919-777

퓨전 호텔 체인 중 하나로 간이 주방이 있는 고급형 호텔이다. 예약 프로모션에 따라 발 마사지 제공이나 요가 강습이 포함된 것도 있으니 잘 체크하자. 별도의 소파와 거실이 있어 넓은 객실을 선호하는 여행객에게 합리적이다.

노보텔 다낭 프리미어 한 리버 Novotel Danang Premier Han River

주소 36 Bạch Đằng, Hải Châu, Q. Hải Châu, Đà Nẵng **위치 ❶** 콩 카페에서 마담런 방향으로 도보 13분 후 박당(Bạch Đằng) 거리 **❷** 호텔에서 호이안까지 40분(택시 기준) **요금** $140~(슈페리어 룸), $180~(디럭스 룸) **객실 타입** 슈페리어 룸, 스튜디오 룸, 디럭스 룸, 스탠다드 아파트형, 이그제큐티브 룸, 스위트 룸 **셔틀버스** 공항(유료), 해변(무료) **홈페이지** www.novotel-danang-premier.com **전화** 0236-3929-999

시내 중심가의 강변에 위치한 글로벌 호텔 체인인 노보텔은 다낭 시내를 상징하는 랜드마크 건물이기도 하다. 4층에는 수영장과 작은 바가, 5층은 키즈 클럽, 피트니스 센터, 6층에는 스파가 있다. 피트니스 센터에는 고가의 테크노 머신이 있어 남자 이용객이 선호한다. 특별히 한국인 매니저가 상주하고 있다. 풀 사이드에 있는 이 더 스퀘어The Square는 퓨전 요리 전문으로 아침, 브런치 및 점심, 저녁을 제공한다. 바에서 음료를 즐길 수 있으며 날씨에 따라 야외에서 식사를 할 수도 있  다. 피어 36 타파스 커피 바Pier 36 Tapas Coffee Bar는 스페인 요리 전문 레스토랑이며 아침, 점심, 저녁을 제공한다. 프리미어 라운지Premier Lounge는 퓨전 요리 전문 레스토랑으로 마찬가지 아침, 점심, 저녁을 제공한다.

Sky 36 루프톱 바

노보텔 꼭대기층 스카이라운지로 한강 다리와 용 다리를 한 번에 감상할 수 있는 주요 명소로 유명한 곳이다. Sky 36 전용 엘리베이터는 입구에서 왼편으로 걸어가면 나온다. 탑승 후 중간에 한 번 엘리베이터를 갈아타고 다시 올라가면 나온다. 야경을 보면서 시원한 맥주 한잔 또는 칵테일 한잔을 추천한다. 단, 웬만한 호텔 식사 요금만큼 나온다. 서빙해 주는 직원들이 요령껏 팁을 유도하므로 작은 화폐 단위도 따로 챙겨 가거나 맥주를 시키는 것도 방법이다.

브릴리언트 호텔 Brilliant Hotel

주소 162 Bạch Đằng, Hải Châu 1, Hải Châu, Da Nang **위치 ❶** 콩 카페에서 용 다리 방향으로 도보 4분 후 강변가 **❷** 호텔에서 호이안까지 40~45분(택시 기준) **요금** $80~(슈페리어 룸), $90~(디럭스 룸) **객실 타입** 슈페리어 룸, 디럭스 룸, 주니어 스위트 룸, 그랜드 스위트 룸 **셔틀버스** 공항(유료), 해변(무료) **홈페이지** brillianthotel.vn **전화** 0236-3222-999

브릴리언트 호텔은 다낭 시내 중심부에서 가장 아름다운 곳 중 하나인 박당 거리Bạch Đằng의 주요 위치에 자리 잡고 있다. 다낭의 새 행정 센터, 참 조각 박물관, 쇼핑몰 등과 가깝다. 레스토랑은 2층, 스파, 피트니스 센터, 수영장은 4층, 톱 바Top Bar는 17층에 위치하며 다낭의 아름다운 야경을 보기 위해 최근 많이 알려진 호텔로 관리가 잘된 4성 호텔로 추천한다. 주니어 스위트 룸부터는 한강과 용 다리의 가장 멋진 전망을 볼 수 있다.

CHECK POINT 걸어서 3분 거리에 콩 카페, 제주항공 다낭 라운지, 하이랜드 커피숍이 있다. 또한 100미터 이내에 베트남 전통 시장인 한 시장이 있어 자유 여행하기 좋다.

그랜드 머큐어 호텔 Grand Murcure Hotel

주소 Lot A1 Zone of the Villas of Green Island, Hải Châu, Đà Nẵng **위치 ❶** 참 조각 박물관에서 남쪽 방향으로 도보 20분 후 쩐티리 다리(Cầu Trần Thị Lý) 옆 그린 아일랜드 **❷** 호텔에서 호이안까지 40분(택시 기준) **요금** $125~(슈페리어 룸) **객실 타입** 슈페리어 룸, 디럭스 룸, 이그제큐티브 룸, 스위트 룸 **셔틀버스** 공항(유료), 해변(무료) **홈페이지** www.grandmercure.com **전화** 0236-3797-777

시내 중심에 위치한 그랜드 머큐어 다낭은 강변에서 무료 와이파이를 갖춘 현대적인 객실, 레스토랑 2개, 바, 스파, 야외 수영장, 피트니스 시설을 제공한다. 객실은 에어컨, 32인치 평면 케이블 TV, 차·커피, 욕조를 표준 시설로 갖추고 있다. 인도차이나 몰Indochina Mall에서 3km 거리에 있다. 시티 몰City Mall 및 미케 비치My Khe Beach까지 무료 셔틀버스가 제공된다. 머무는 동안 자전거로 다낭을 둘러볼 수 있다.

CHECK POINT 라 리즈 고쉬(La Rive Gauche) 레스토랑에서 풍성한 조식 뷔페와 골든 드래곤(The Golden Dragon)에서 딤섬, 너바나(Nirvana)에서 식후 음료를 즐기는 곳으로 적당하다. 딤섬 뷔페인 골든 드래곤은 1인당 한화 25,000원 선으로 홍콩의 딤섬 맛집에 뒤지지 않는 만족도가 높은 곳이다.

그랜드 투란 호텔 Grand Tourane Hotel

주소 252 Võ Nguyên Giáp, Phước Mỹ, Sơn Trà, Đà Nẵng **위치** 호텔에서 호이안까지 35~40분(택시 기준) **요금** $120(슈페리어 룸), $150~(디럭스 룸) **객실 타입** 슈페리어 룸, 디럭스 룸, 프리미어 디럭스 룸 **셔틀버스** 공항(무료) **홈페이지** grandtouranehotel.com **전화** 0236-3778-888

미케 비치 바로 앞에 위치한 준특급 호텔이다. 무엇보다 객실에서 보이는 바다 전망이 아름답다. 풀만, 멜리아와 같은 낮은 건물의 부지가 넓은 리조트와 다르게 그랜드 투란 호텔은 높은 건물로 시원한 오션뷰가 보이는 호텔이다.

민 토안 갤럭시 호텔 Minh Toan Galaxy Hotel

주소 306 2 Tháng 9, Hải Châu, Đà Nẵng **위치 ❶** 참 조각 박물관에서 남쪽 방향으로 도보 25분 **❷** 호텔에서 호이안까지 40분(택시 기준) **요금** $65(슈페리어 룸), $80(디럭스룸) **객실 타입** 슈페리어 룸, 디럭스 룸, 프리미어 스위트 **셔틀버스** 공항(무료) **홈페이지** minhtoangalaxyhotel.vn **전화** 0236-3662-888

참 조각 박물관에서 조금 더 가면 위치해 있는 호텔이다. 위치적으로는 조금 들어가 있지만 호텔 내부에 저렴한 스파 숍이 있으며 롯데마트 및 아시아 파크 등 도보로 이동이 가능하고 친절한 직원들과 깨끗한 시설로 인기가 있다.

알라카르트 다낭 비치 호텔 A La Carte Danang Beach Hotel

주소 200 Corner of Vo Nguyen Giap Street & Duong Dinh Nghe Street, Phước Mỹ, Sơn Trà, Đà Nẵng **위치** ❶ 미케 비치 바로 앞 ❷ 호텔에서 호이안까지 40~45분(택시 기준) **요금** $100~(라이트 스튜디오 룸), $120~(라이트 플러스 룸) **객실 타입** 라이트 스튜디오, 라이트 플러스, 딜라이트(1베드 룸 스위트 룸), 딜라이트 플러스 룸, 하이라이트 룸, 하이라이트 플러스 룸, 울트라 3베드 룸 **셔틀버스** 공항(유료), 호이안(유료) **홈페이지** alacartedanangbeach.com **전화** 0236-3959-555

미케 비치 도로 가에 위치한 간이 주방과 전자레인지가 있는 레지던스 4성급 호텔이다. 23층에 야외 수영장과 스카이라운지(루프톱 바)에서 보는 탁 트인 미케 비치를 보며 낮에는 커피 한잔, 저녁에는 칵테일 한잔을 시원하게 마셔 보자. 아이가 있거나 친구들끼리 왔을 때는 4인 투숙이 가능한 딜라이트 플러스 객실을 추천한다. 기본 객실보다 넓고 이층 침대와 킹 사이즈 침대가 있어 편리하다.

> **TIP** 알라카르트 다낭 비치의 팁
> 스파이스(Spice)에는 8개의 트리트먼트 룸이 마련돼 있다. 네일, 페디, 마사지, 얼굴 트리트먼트 서비스, 보디 스크럽, 전신 트리트먼트 서비스 등이 있다. 스파 오픈 시간은 10:00~23:00까지며 예약을 원할 경우 spice@alacartedanang beach.com 또는 내선으로 예약하면 된다.

삼디 호텔 Samdi Hotel

주소 203 Nguyễn Văn Linh, Thạc Gián, Thanh Khê, Đà Nẵng **위치 ❶** 용 다리가 있는 큰 길 기준 반다 호텔이 있는 서쪽으로 이동해 응우옌반린(Nguyễn Văn Linh) 거리에서 1.8km 직진, 도보 23분 **❷** 호텔에서 호이안까지 45분(택시 기준) **요금** $85(스탠더드 룸), $100(그랜드 룸) **객실 타입** 스탠더드 룸, 그랜드 룸, 스위트 룸, 트리플 룸 **셔틀버스** 공항(유료), 해변(유료) **홈페이지** samdihotel.vn **전화** 0236-3586-222

다낭 국제공항 바로 앞에 위치해 있어 여행 첫날 또는 마지막 날 잠시 거쳐가기 좋은 호텔이다. 삼디 호텔 내의 가성비 좋은 아트 스파Art Spa에서는 스웨덴식, 태국식 마사지와 얼굴 트리트먼트 등의 서비스가 제공된다. 걸어서 20분 거리에 한강이 있다.

반다 호텔 Vanda Hotel

주소 3 Nguyễn Văn Linh, Hải Châu, Đà Nẵng **위치 ❶** 참 조각 박물관에서 서쪽 방향으로 도보 4분 **❷** 호텔에서 호이안까지 40~45분(택시 기준) **요금** 65$(슈페리어 룸), 70$(그랜드 룸) **객실 타입** 슈페리어 룸, 디럭스 룸, 주니어 스위트 룸, 그랜드 스위트 룸 **셔틀버스** 공항(유료), 해변(유료) **홈페이지** vandahotel.vn **전화** 0236-3525-969

용다리 바로 앞에 위치해 있는 가성비 좋은 준특급 호텔이다. 무엇보다 위치가 가장 큰 장점이다. 용다리, 한강, 식당, 카페 등 접근성이 좋지만 객실이 다소 좁은 편이다.

홀리데이 비치 다낭 호텔 앤 리조트
Holiday Beach Danang Hotel & Resort

주소 300 My Khe Beach, Vo Nguyen Giap Street, Mỹ An, Ngũ Hành Sơn, Hải Châu, Đà Nẵng **위치 ①** 미케 비치 바로 옆 **②** 호텔에서 호이안까지 45분(택시 기준) **요금** $85(슈페리어 룸), $110(디럭스 룸) **객실 타입** 슈 페리어 룸, 디럭스 룸, 스튜디오 스위트 룸, 주니어 스위트 룸, 이그제큐티브 스위트 룸 **셔틀버스** 공항(유료), 호이안(무료) **홈페이지** holidaybeachdanang.com **전화** 0236-396-7777

참 조각 박물관과 가깝고, 미케 비치 앞에 위치해 있다. 객실이 좁은 편이나 스파 시설이 다낭 시내 호텔 중에서는 가장 훌륭하다. 옥상에 스카이 바Sky Bar가 있고, 야외 수영장은 현재 공사 중이나 5층에 작은 수영장이 있다. 지금 투숙하기에는 바로 옆에 홀리데이 비치에 새로운 신관 호텔을 짓고 있어 낮에는 공사하는 소리가 자주 들려 4성이지만 저렴한 프로모션 요금이 나오 고 있다. 신관은 2018년 9월까지 공사 중에 있으니 참고하자.

CHECK POINT 호텔 바로 왼편에 작은 빌딩이 있는데 외관상으로는 스파 건물인지 헷갈리는 가로로 긴 건물이 하 나 있는데, 이 호텔에서 자랑하는 스파 건물이다. 므엉 스파(MUONG SPA)에는 5개의 건식 사우나, 아이스 방, 17개의 마사지, 트리트먼트 룸 및 커플 트리트먼트 룸이 마련돼 있다. 최대 24명의 인원을 수용할 수 있 는 비교적 큰 규모다. 핫 스톤, 태국식 마사지, 얼굴 트리트먼트, 보디 랩 등 다양한 서비스를 제공하고 있고, 호텔 예약 시 무료 발 마사지 쿠폰 등 프로모션도 있으니 확인하자.

라이즈마운트 리조트 다낭 Risemount Resort Danang

주소 120 Nguyễn Văn Thoại, Mỹ An, Ngũ Hành Sơn, Đà Nẵng **위치 ①** 미케 비치에서 도보 15분 **②** 보응우옌기압(Võ Nguyên Giáp) 거리에서 남쪽 방면으로 걷다가 응우옌반토이이(Nguyễn Văn Thoại) 거리로 우회전하여 600m 직진 **③** 호텔에서 호이안까지 35~40분(택시 기준) **요금** $125~(디럭스 룸), $180~(그랜드 룸), $225~(스튜디오 룸) **객실 타입** 디럭스 룸, 그랜드 룸, 스튜디오 룸, 스위트 룸, 듀플렉스 레지던스 룸 **셔틀버스** 공항(무료) **홈페이지** risemountresort.com.vn **전화** 0236-3899-999

오픈한 지 얼마 안 되어 깨끗한 시설과 지중해풍의 인테리어가 돋보인다. 도보로 10분 이내에 버거 브로스 본점이 있다. 미케 비치 앞은 아니지만 도보로 20분 이내로 갈 수 있다.

센타라 샌디 비치 리조트 다낭
Centara Sandy Beach Resort Danang

주소 21 Trường Sa Road Ward, Hòa Hải, Đà Nẵng **위치** 호텔에서 호이안까지 25분(택시 기준) **요금** $95(방갈로), $95~(프리미엄 디럭스 오션 뷰) **객실 타입** 방갈로, 프리미엄 디럭스 오션뷰, 프리미엄 스위트 룸 **셔틀버스** 공항(유료), 10km 이내 거리 무료 셔틀 운행 **홈페이지** centarahotelsresorts.com **전화** 0236-3961-777

샌디 비치 리조트는 깔끔한 객실과 멋진 조경으로 휴양지에 온 듯한 느낌을 받기에 충분하다. 이 곳에서 묵을 기회가 된다면 객실 테라스에서 보는 멋진 일출 감상도 해보자.

뉴 오리엔트 호텔 다낭 New Orient Hotel Da Nang

주소 20 Đống Đa, Thuận Phước, Q. Hải Châu, Đà Nẵng **위치 ❶** 다낭 국제공항에서 5km(차량 약 15분) **❷** 호이안까지 30km(차량 약 50분) **요금** $80~(슈페리어), $100~(디럭스), $120~(프리미어 디럭스) **객실 타입** 슈페리어, 디럭스, 프리미어 디럭스 등 **셔틀버스** 공항(유료), 지역(유료) **홈페이지** www.neworienthoteldanang.com **전화** 0236-3828-828

다낭 중심부에 위치한 뉴 오리엔트 호텔은 위치적 장점이 뛰어난 4성급 신규 호텔이다. 한시장, 마담란 레스토랑 모두 도보로 이동 가능하다. 비슷한 위치의 비슷한 금액으로 숙소를 정한다면 오픈한 지 얼마 안 된 깨끗한 호텔을 찾는 사람들에게는 최적인 호텔이다. 총 2개의 야외수영장, 2개의 레스토랑 및 카페가 있고 바로 옆에는 나이트클럽도 있다. 슈페리어 객실은 전망이 따로 없고, 디럭스 객실부터 전망이 위치별로 풀뷰, 시티뷰, 리버뷰, 쩐푸억다리뷰, 손짜뷰, 파살오션뷰 등으로 나뉜다.

미티사 호텔 Mitisa Hotel

주소 67-69 Nguyen Van Linh, Hai Chau **위치 ❶** 다낭 국제공항에서 3km(차량 약 10분) **❷** 호이안까지 30km(차량 약 50분) **요금** $40~(슈페리어), $50~(디럭스 리버뷰) **객실 타입** 슈페리어, 디럭스 리버뷰 등 **셔틀버스** 공항(유료), 지역(유료) **홈페이지** mitisahotel.com **전화** 0236-3555-345

2017년에 오픈한 가성비 좋은 54객실을 갖춘 준특급 호텔이다. 12층에는 시내를 내려다볼 수 있는 야외 수영장과 구명조끼, 튜브도 갖춰져 있다. 밤 늦게 다낭 공항에 도착한 사람들이나 실속 있는 호텔을 원한다면 추천하고 싶은 호텔이다.

벨 메종 파로산드 다낭 Belle Maison Parosand Da Nang

주소 216 Vo Nguyen Giap Street **위치 ①** 다낭 국제공항에서 7km(차량 약 15분) **②** 호이안까지 27km(차량 약 45분) **요금** $60~(디럭스), $80~(시니어 디럭스) **객실 타입** 디럭스, 시니어 디럭스 등 **셔틀버스** 공항(유료), 지역(유료) **홈페이지** bellemaisonparosand.com/en **전화** 0236-3928-688

미케 비치 앞에 위치한 분위기 좋은 호텔이다. 객실이 조금 작은 게 흠이지만 바다 전망에 루프 톱 바 그리고 수영장이 분위기가 좋아 인기가 많다.

다낭 위치가 좋은 실속형 일급 숙소

오렌지 호텔 다낭 Orange Hotel Danang

주소 29 Hoàng Diệu, Phước Ninh, Hải Châu, Đà Nẵng **위치 ①** 다낭 대성당에서 도보 6분 후 호이앙지에우 (Hoàng Diệu) 거리에 콧데리아 옆 **②** 호텔에서 호이안까지 45분(택시 기준) **요금** $55~(슈페리어 룸) **객실 타입** 슈페리어 룸, 디럭스 룸 **셔틀버스** 공항(유료) **홈페이지** www.danangorangehotel.com **전화** 0236-3566-176

참 조각 박물관, 다낭 대성당 등 다낭 도심에 있으며 한 시장도 가까운 거리에 위치하고 있어 처음 다낭 여행을 가볍게 하기에 적합한 호텔이다.

송콩 호텔 Song Kong Hotel

주소 305 Nguyễn Văn Thoai, Phước Mỹ, Ngũ Hành Sơn, Đà Nẵng **위치** ❶ 미케 비치에서 도보 15분 후 라이즈마운트 인근 ❷ 호텔에서 호이안까지 45분(택시 기준) **요금** $40(디럭스 룸), $55(이그제큐티브 룸), $90(스위트 룸) **객실 타입** 슈페리어 룸, 디럭스 룸, 패밀리 룸 **셔틀버스** 공항(유료) **홈페이지** www.songconghoteldanang.com **전화** 0236-6268-866

미케 비치까지 걸어서 3~5분 거리로 깔끔한 객실과 위치가 장점이다.

시 가든 호텔 Sea Garden Hotel

주소 Lô 29-33 Lê Văn Quý, An Hải Bắc, Sơn Trà, Đà Nẵng **위치** ❶ 바빌론 스테이크 가든 2호점에서 도보 6분 후 노아 스파 인근 ❷ 호텔에서 호이안까지 40분(택시 기준) **요금** $35(디럭스 룸), $55(스위트 룸) **객실 타입** 디럭스 룸, 스위트 룸 **셔틀버스** 공항(유료) **홈페이지** seagardenhotel.vn **전화** 0236-3568-888

한강 및 미케 비치와도 가깝고, 빈콤 마트와도 가깝다. 깨끗한 객실, 합리적인 가격으로 가성비가 좋다.

사트야 호텔 Satya Hotel

주소 155 Tran Phu Street, Hai Chau District **위치** ❶ 다낭 국제공항에서 4km(차량 약 10분) ❷ 호이안까지 30km(차량 약 45분) **요금** $60~(디럭스), $70~(프리미어) **객실 타입** 디럭스, 프리미어, 사트야 스윗 **셔틀버스** 공항(유료) **홈페이지** satyadanang.com **전화** 0236-3588-999

2018년 4월에 오픈한 조용하고 깔끔하며 위치 좋은 3.5성급 신규 호텔이다. 다낭 대성당 맞은편에 위치한 사트야 호텔은 한시장과 한강이 근처에 있어 도보로 쉽게 이동할 수 있다. 총 88개의 객실에는 발코니가 딸려 있어서 한강의 용다리를 객실에서 바라볼 수 있다. 단, 수영장은 작게나마 실내에 있고, 객실에서 이용할 수 있는 룸서비스는 시간 제한이 있으니 이용에 참고하자.

호이안 럭셔리한 휴양을 만들어 주는 특급 숙소

빈펄 호이안 리조트 앤 빌라스 Vinpearl Hoi An Resort & Villas

주소 Cửa Đại, Tp. Hội An, Quảng Nam 위치 호이안 올드 타운에서 택시 15분 요금 $200~(디럭스 룸), $750~(3베드 룸 오션 풀 빌라) 객실 타입 디럭스 룸, 스위트 룸(리조트 타입), 3베드 & 4베드 오션 풀 빌라 셔틀버스 공항(유료), 호이안(무료 1일/4회) 홈페이지 www.vinpearl.com 전화 090-4510-883

191개의 리조트 객실, 25개의 빌라, 클럽 하우스, 스파, 미팅 룸 등 다양한 부대시설이 있다. 끄어다이 해변에 있고, 안방 비치와 호이안 올드 타운을 오가는 무료 셔틀버스도 운행 중이다. 자전거 무료 대여 서비스가 있고, 3베드, 4베드 룸 풀 빌라의 경우 미니바를 무료로 제공한다.

- 리조트: 최대 성인 2명 + 아동 1명까지 숙박 가능
- 3베드 풀 빌라: 최대 성인 6명 + 아동 2명까지 숙박 가능
- 4베드 풀 빌라: 최대 성인 8명 + 아동 3명까지 숙박 가능

선라이즈 프리미엄 리조트 호이안 Sunrise Premium Resort Hoi An

주소 84 Âu Cơ, Cửa Đại, Hoi An, Quảng Nam **위치** 호이안 올드 타운에서 택시 10~15분 **요금** $265(디럭스 룸), $340~(클럽 룸) **객실 타입** 디럭스 룸, 클럽 룸, 스위트 룸, 2베드 가든 뷰 빌라, 1베드 풀 빌라, 그랜드 풀 빌라 **셔틀버스** 공항(유료), 호이안(유료) **홈페이지** sunrisehoian.vn **전화** 0235-3937-777

가족 여행으로 선택하기 좋은 리조트다. 바다 앞에 위치해 있으며, 빌라 타입부터는 무료 미니 바를 제공한다. 총 222개의 객실과 24시간 룸 서비스가 제공되며, 5km 떨어진 곳에는 안방 비치가 있다. 야외 테니스 코트와 무료 자전거 대여도 활용하자. 가족과 인원 구성이 많은 편이라면 2베드 빌라나 그랜드 풀 빌라를 추천한다.

알레그로 호이안 럭셔리 호텔 앤 스파 Allegro Hoi An Luxury Hotel & Spa

주소 86 Tran Hung Dao, Hoi An, Quang Nam **위치 ①** 다낭 국제공항에서 35km(차량 약 50분) **②** 호이안 올드 타운에서 500m(도보 약 7분) **요금** $130~(주니어 스윗), $150~(리틀 스윗) **객실 타입** 주니어 스윗, 리틀 스윗, 그랜드 스윗 등 **셔틀버스** 공항(유료) **홈페이지** allegrohoian.com **전화** 0235-3529-999

2017년에 오픈한 딱 호이안스러운 호텔이다. 올드 타운까지는 도보 가능한 위치다. 자전거 대여도 가능하며, 안방 비치까지 셔틀버스도 운행하고 있다. 조식당에는 김치도 마련돼 있어 한국인들의 입맛까지 사로잡는 서비스를 보여 주고 있다.

코이 리조트 앤 스파 호이안 Koi Resort & Spa Hoi An

주소 Cửa Đại Beach, Au Co Street, City, Cẩm Thanh, Tp. Hội An, Quảng Nam **위치** 호이안 올드 타운에서 택시 10~15분 **요금** $180(프리미어 가든 뷰), $200(그랜드 디럭스 가든 뷰), $260(주니어 스위트 룸) **객실 타입** 슈페리어 룸, 방갈로룸(가든뷰, 발코니 여부, 석호 전망에 따라 나뉨), 풀 빌라 **셔틀버스** 공항(유료), 호이안 (유료) **홈페이지** koiresortspa.com.vn **전화** 0235-3914-777

껌타인Cẩm Thanh 지역에 위치한 이 리조트는 끄어다이 비치까지 도보 4분 거리에 위치하며, 안방 비치까지는 3.5km 거리에 있다. 기본 객실 타입에 묵는다면 1층보다 조금 더 프라이빗 한 2층에 투숙하는 편이 좋다. 그리고 한 가지 단점은 객실이 작은 편이니 참고하자.

포 시즌스 리조트 더 남 하이, 호이안
Four Seasons Resort The Nam Hai, Hoi An

주소 Block Ha My Dong B, Điện Bàn, Quảng Nam **위치** 호이안 올드 타운에서 택시 10~15분 **요금** $720~(1 베드 빌라), $115(1베드 풀 빌라) **객실 타입** 빌라(1베드, 패밀리 1베드), 풀 빌라(1~3베드) **셔틀버스** 공항(유료), 호이안(무료) **홈페이지** fourseasons.com **전화** 0235-3940-000

포 시즌스 리조트는 iPod 도킹 스테이션과 무료 와이파이를 갖춘 고급스러운 빌라다. 수영장이 총 3개, 테니스 코트가 4개 마련돼 있으며, 전 객실에는 쇼파 베드가 준비돼 있다. 더 레스토랑The Restaurant은 해변에서 최고의 베트남 요리와 세계 각국의 요리를 제공하며, 더 바The Bar에서는 다양한 칵테일과 스낵을 제공한다. 비치 레스토랑Beach Restaurant에서 종합 해산물 요리와 그릴 요리를 맛볼 수 있다.

르 벨하미 호이안 Le Bellhamy Hoi An

주소 Hamlet 1 - Dien Duong Village Dien Ban District, Điện Dương, Hội An, Quảng Nam **위치** 호이안 올드 타운에서 택시 10~15분 **요금** $110(디럭스 룸), $145(스위트 룸), $250(풀 빌라), $310(허니문 빌라) **객실 타입** 디럭스 룸, 스위트 룸, 빌라, 풀 빌라, 허니문 빌라, 오션 빌라 **셔틀버스** 공항(유료), 호이안(무료) **홈 페이지** belhamy.com **전화** 0235-3941-888

조용하면서 자연 친화적인 숙소를 찾는다면 르 벨하미를 추천한다. 신규 숙소가 워낙 많이 생겨서 상대적으로 시설면에서는 노후된 부분이 있지만 오히려 현지 느낌을 더 가깝게 느낄 수 있는 리조트 앤 풀 빌라다. 호이안 올드 타운까지는 택시로 약 15분 소요되며, 안방 비치까지는 5분 정도의 거리에 위치해 있다.

실크 센스 호이 안 리버 리조트 Silk Sense Hoi An River Resort

주소 Tan Thinh St., Tan My Residential Area **위치 ❶** 다낭 국제공항에서 28km(차량 약 40분) **❷** 호이안 올드 타운에서 6km(차량 약 15분) **요금** $100~(슈페리어 가든뷰), $120~(디럭스) **객실 타입** 슈페리어 가든뷰, 디럭스 등 **셔틀버스** 공항(유료), 올드 타운(무료) **홈페이지** silksenseresort.com **전화** 0235-3529-999

2017년 7월, 호이안 안방 비치와 끄어다이 비치 사이에 위치한 리조트다. 다낭 시내 그리고 호이안 올드 타운과는 조금 떨어져 있는 숙소지만 그만큼 평화롭게 휴양을 보내기에는 더할 나위 없이 좋은 곳이다. 리조트 정원을 산책만 해도 힐링이 되는 곳이다. 리조트에서 올드 타운까지 2시간마다 무료 셔틀버스도 운행되고 있다

로얄 호이안 엠 갤러리 바이 소피텔
Royal Hoi An M Gallery by Sofitel

주소 39, Đào Duy Từ Street, Cẩm Phô Ward, Hội An, Quảng Nam **위치 ❶** 호이안 올드타운에서 도보 10분 ❷ 내원교에서 호이안 문화 스포츠 센터(The Center for Culture and Sports of Hoi An city·노란색의 큰 건물) 방향으로 도보 10분 **요금** $200(디럭스 룸), $240(그랜드 디럭스 룸) **객실 타입** 디럭스 룸, 그랜드 디럭스 룸, 로얄 디럭스 룸 등 **셔틀버스** 공항(유료) **홈페이지** hotelroyalhoian.com **전화** 0235-3950-777

엠 갤러리는 독특한 이야기와 독특한 디자인을 보유하고 있는 호텔로 투본강 옆에 있다. 우아한 장식과 호이안의 풍요로운 유산과 소타로Sotaro와 와카쿠Wakaku의 사랑 이야기에서 영감을 받은 디자인이 인상적이다. 120개의 객실과 고급 일식 레스토랑이 장점이다.

르 파비용 호이안 럭셔리 리조트 앤 스파
Le Pavillon Hoi An Luxury Resort & Spa

주소 145B Trần Nhân Tông, Cẩm Châu, Hội An, Quảng Nam **위치 ❶** 다낭 국제공항에서 30km(차량 약 50분) ❷ 호이안 올드 타운에서 2km(차량 약 8분) **요금** $55~(디럭스 가든뷰), $80~(슈퍼 디럭스 리버뷰) **객실 타입** 디럭스 가든뷰, 슈퍼 디럭스 리버뷰 등 **셔틀버스** 공항(유료) **홈페이지** www.lepavillonhoian.com **전화** 0235-6259-999

2017년에 오픈한 총 84개의 객실을 보유하고 있는 7층짜리 준특급 리조트다. 올드 타운까지는 도보로 약 15분 정도 소요되며, 자전거 무료 대여가 가능하고 셔틀 서비스도 운영 중이다. 객실이 넓고, 발코니가 있는 객실에서는 호이안의 느낌을 감상하기에 적합하다.

아난타라 호이안 리조트 Anantara Hoi An Resort

주소 1 Pham Hong Thai Street, Cẩm Châu, Hoi An City, Quang Nam **위치** ❶ 호이안 올드 타운에서 도보 15분 ❷ 꽌꽁 사당에서 투본강 방향으로 도보 10분 **요금** $205(디럭스 발코니 룸), $240~(주니어 가든 스위트 룸) **객실 타입** 디럭스 발코니 룸, 주니어 가든 스위트 룸, 디럭스 리버 스위트 룸 등 **셔틀버스** 공항(유료), 호이안(무료) **홈페이지** hoi-an.anantara.com **전화** 0235-3914-555

투본 강가에 위치한 아난타라계열의 아난타라 호이안 리조트는 친절한 직원들의 서비스로 유명한 호텔이다. 자전거 무료 대여가 가능하며, 올드 타운과 가까운 리조트 중에 아이가 있는 고객은 유모차를 태워 도보로 이동 가능한 거리라 재방문 고객층이 많다.

아틀라스 호이안 호텔 Atlas Hoi An Hotel

주소 30 Đào Duy Từ, Cẩm Phô, Tp. Hội An, Quảng Nam **위치** ❶ 호이안 올드 타운에서 도보 9분 ❷ 내원교에서 로얄 호텔, 라 레지던스 호텔 방향으로 도보 8분 **요금** $65(슈페리어), $85(디럭스 룸) **객실 타입** 슈페리어 룸, 디럭스 룸, 아틀라스 리버타운 룸 **셔틀버스** 공항(유료), 해변(무료) **홈페이지** atlashoian.com **전화** 0235-3666-222

호이안 올드 타운까지 10분 미만 거리로 깨끗한 객실과 현대적인 인테리어, 조식도 만족도가 높다. 공항 픽업과 샌딩 서비스도 유료지만 미터 택시 비용보다 저렴하게 예약이 가능한 점이 장점이다. 금액 대비 만족도가 아주 높다.

빈흥 헤리티지 호텔(구. 빈흥 1 호텔) Vinh Hung 1 Heritage Hotel

주소 143 Trần Phú, Minh An, Tp. Hội An, Quảng Nam **위치 ❶**호이안 올드 타운에서 도보 1분 **❷** 내원교에서 동쪽 방향으로 도보 1분, 광조 회관 지나 다음 블록에 위치 **요금** $80 (스위트 룸), $115 (헤리티지 스위트 룸) **객실 타입** 스위트 룸, 헤리티지 스위트 룸 **셔틀버스** 공항(유료) **홈페이지** vinhhungheritagehotel.com **전화** 0235-3861-621

1992년 중국 상인이 소유한 이 건물은 구입 후에 1994년 호텔로 전환했고, 2007년 리모델링을 해서 6개의 객실이 전부다. 역사적인 분위기 속에 목조 건물로 지어져 고풍스러운 느낌을 간직한 호텔이다.

빈흥 라이브러리 호텔 (구 빈흥 3 호텔) Vinh Hung Library Hotel

주소 96 Bà Triệu, Cẩm Phô, Tp. Hội An, Quảng Nam **위치 ❶** 호이안 올드 타운에서 도보 5분 **❷** 광조 회관에서 도보 6분, 팔마로사 스파 옆 **요금** $55 (슈페리어 룸), $80 (패밀리 룸) **객실 타입** 슈페리어 룸, 패밀리 룸 **셔틀버스** 공항(유료) **홈페이지** vinhhunglibraryhotel.com **전화** 0235-3916-277

투본강과 구시가지까지 걸어갈 수 있는 거리에 있고, 수영장은 낮의 열기 속에서 잠잠해지기에 이상적이다. 빈흥 3 호텔에서 빈흥 라이브러리 호텔로 현대적인 부티크 호텔로 다시 지어졌다. 독서를 할 수 있는 도서실을 갖추고 있고 26개의 현대적인 객실을 보유하고 있다.

그린 헤븐 호텔 호이안 리조트 앤 스파
Green Heaven Hoi An Resort & Spa

주소 21 La Hối, An Hội, Cẩm Phô, Tp. Hội An, Quảng Nam **위치** 호이안 올드 타운에서 도보 7분 **요금** $80(슈페리어 룸), $100(디럭스 룸) **객실 타입** 슈페리어 룸, 디럭스 룸, 패밀리 디럭스 룸 **셔틀버스** 공항(유료) **홈페이지** hoiangreenheavenresort.com **전화** 0235-3962-966

숙박 시설과 관광지와의 거리를 중요시하는 고객이라면 단연코 추천한다. 저녁에 등불이 켜지고 먹거리와 볼거리가 많은 위치에 있다.

안 호이 호텔 An Hoi Hotel

주소 69 Đường Nguyễn Phúc Chu, An Hội, Minh An, Tp. Hội An, Quảng Nam **위치** 호이안 올드 타운에서 도보 2분 **요금** $22(스탠더드 룸), $25(디럭스 룸), $32(슈페리어 트리플 룸) **객실 타입** 스탠더드 룸, 디럭스 룸, 슈페리어 트리플 룸 **셔틀버스** 공항(유료) **홈페이지** anhoihotel.com.vn **전화** 0235-3911-888

위치가 아주 좋고, 2층 식당에서 호이안을 바라보며 먹는 조식이 즐거움을 주는 호텔이다. 금액 대비 가성비가 좋고 트리플 룸도 있어 성인 3명이 오는 고객이라면 눈여겨볼 호텔이다.

반얀트리 랑코 Banyan Tree Lang Co

주소 Cổ Dù - Vinh Hiền, Lộc Vĩnh, Phú Lộc, Thừa Thiên Huế **요금** $450~(1베드 룸 풀 빌라), $950~(2베드 룸 풀 빌라), $1,200~(3베드 룸 풀 빌라) **객실 타입** 1베드 룸 풀 빌라, 2베드 룸 풀 빌라, 3베드 룸 풀 빌라 **셔틀 버스** 공항(무료), 지역(무료) **홈페이지** banyantree.com **전화** 0234-3695-888

후에 구시가지까지는 차량으로 1시간가량 걸리는 위치지만 전용 비치가 있고 다낭 공항부터 후에 공항, 후에 시내까지 무료 셔틀버스를 운영한다. 세심한 배려와 서비스로 5성 호텔 중에 최고급 스파와 숙박 시설을 자랑한다. 후에 최고의 리조트이나 외곽에 있어 위치가 아쉽다.

TIP 미리 예약하면 얼리버드 특가로 20% 할인된 금액으로 예약할 수 있다.

앙사나 랑코 Angsana Lang Co

주소 Laguna Lăng Cô, Lộc Vĩnh, Phú Lộc, Thừa Thiên Huế **요금** $205~(가든 발코니 룸), $270~(주니어 풀 스위트 룸), $300~(1베드 룸 풀 빌라) **객실 타입** 가든 발코니 룸, 주니어 풀 스위트 룸, 1베드 룸 풀 빌라, 2베드 룸 풀 빌라 **셔틀버스** 공항(무료), 지역(무료) **홈페이지** angsana.com **전화** 0234-3695-800

반얀트리 랑코 옆에 위치한 랑코 계열의 리조트이다. 마찬가지로 무료 지역 셔틀버스가 있다. 스탠더드인 가든 발코니 객실부터 빌라 타입의 객실까지 다양하며 다양한 좋은 서비스를 제공한다. 반얀트리 랑코보다는 금액적인 면에서 부담이 적다.

라 레지던스 후에 호텔 앤 스파 La Residence Hue Hotel & Spa

주소 5 Lê Lợi, Vĩnh Ninh, Tp. Huế, Huế **요금** $125~(슈페리어 룸), $180~(디럭스 룸) **객실 타입** 슈페리어 룸, 디럭스 룸 **셔틀버스** 공항(유료), 지역(유료), 기차역(유료) **홈페이지** la-residence-hue.com **전화** 0234-3837-475

총 122개의 객실과 3층 건물로 지어졌으며, 라 레지던스 후에 호텔 앤 스파는 꼰데 나스트 트래블러Condé Nast Traveler가 선정한 2016 남아시아 최고의 호텔 리스트2016 Southern Asia's top hotels List에 선정된 5성 호텔이다. 인도차이나 총독이 살던 콜로니얼

> **TIP** VND 530,000(약 26,600원) 편도 비용으로 공항 셔틀버스를 이용할 수 있다. VND 540,000(약 27,000원) 비용으로 조식 뷔페를 이용할 수 있다.

건축물을 개조해서 만든 호텔로 역사적인 가치가 있다.

임페리얼 후에 호텔 Imperial Hue Hotel

주소 8 Hùng Vương, Phú Nhuận, Tp. Huế, Thừa Thiên Huế **요금** $105~(디럭스 룸), $190~(주니어 스위트 룸) **객실 타입** 디럭스 룸, 주니어 스위트 룸, 스위트 룸 **셔틀버스** 공항(유료), 지역(유료), 기차역(유료) **홈페이지** imperial-hotel.com.vn **전화** 0234-3882-222

2006년에 지어진 후에 최초의 5성급 호텔로 웅장한 로비와 클래식한 느낌의 호텔이다. 객실은 시티 뷰와 리버 뷰로 나뉘며, 꼭대기 층의 스카이라운지도 유명하다. 194개의 객실과 16층 건물로 지어졌다. 여행자 거리 앞이라 좋은 위치이지만 건물이 오래된 느낌이 드는 건 아쉽다.

> **TIP** $60 지불 시 얼리 체크인 또는 레이트 체크아웃이 가능하다. 또한 $25의 비용으로 공항 셔틀버스를 이용할 수 있다.

무엉탄 홀리데이 후에 호텔 Muong Thanh Holiday Hue Hotel

주소 38 Lê Lợi, Phú Hội, tp. Huế, Thừa Thiên – Huế **요금** $60~(디럭스 룸), $75~(프리미엄 룸) **객실 타입** 디럭스 룸, 프리미엄 룸 **셔틀버스** 공항(유료), 지역(유료), 기차역(유료) **홈페이지** holidayhue.muongthanh.com **전화** 0234-3936-688

후에 페리 터미널 맞은편에 위치하고 여행자 거리 초입이라 위치가 좋고 무엉탄 체인 호텔이라 안심하고 이용할 수 있다. 시티 뷰랑 리버 뷰가 금액 차이가 크진 않으므로 리버 뷰로 예약하자.

인도차인 팰리스 호텔 Indochine Palace Hotel

주소 0 Hùng Vương, Phú Nhuận, Tp. Huế, Thừa Thiên Huế 요금 $125~(팰리스 더블 룸), $160~(팰리스 스튜디오 룸), $245~(팰리스 스위트 룸) 객실 타입 팰리스 더블 룸, 팰리스 스튜디오 룸, 팰리스 스위트 룸, 1베드 룸 스위트 룸, 2베드 룸 스위트 룸 셔틀버스 공항(유료), 지역(유료) 홈페이지 indochinepalace.com 전화 0234-3936-666

222개의 객실을 보유하고 있으며 동급의 임페리얼보다는 위치는 아쉽지만 인테리어나 객실 조건이 조금 더 좋은 편이다. 이국적인 정원으로 둘러싸여 있고 오픈 욕실 콘셉트의 인테리어가 특징이다.

> **TIP** 예약 시 공항 무료 셔틀버스 또는 객실 업그레이드 프로모션이 간혹 나오므로 잘 체크해 보자.

베다나 라군 리조트 앤 스파 Vedana Lagoon Resort and Spa

주소 Zone 1, Phu Loc town, Phu Loc District, Hue, tt. Phú Lộc, Hue, Thừa Thiên Huế 위치 ❶ 다낭 국제 공항에서 58km(차량 약 80분) ❷ 호이안 올드 타운에서 85Km(차량 약 2시간) 요금 $100~(워터 프론트 디럭스), $150~(라군 뷰 방갈로) 객실 타입 워터 프론트 디럭스, 라군 뷰 방갈로 등 셔틀버스 공항(유료) 홈페이지 www.vedanalagoon.com 전화 0234-3819-397

관광보다도 휴양에 목적을 둔 사람이라면 단연 주목해야 할 숙소다. 다낭에서 후에 방향으로 이동하면 랑꼬lang co라는 지역이 나오는데 랑꼬에서 조금 더 이동하면 푸럭phu loc이라는 지역이 나온다. 베다나 라군 리조트는 푸럭에 위치해 있으며 다낭 공항에서는 약 70분가량 떨어져 있고, 후에 시내에서는 약 38km로 차량으로 45분 정도 소요되는 곳에 있다. 총 8개의 룸 타입으로 55개의 객실을 비롯해 탁구장, 배드민턴, 헬스장, 당구장 등 부대시설이 잘 갖춰져 있어 리조트에만 있어도 충분히 시간을 보낼 수 있다. 숙박 외 골드카드를 별도로 추가하는 경우 조식, 중식, 석식 그리고 스파 1회까지 제공된다. 에프터눈 티까지 제공받고 싶다면 플래티넘 카드를 추가하면 된다. 베다나 라군 리조트는 전체적으로 조용하고, 평화롭고, 이국적이며 고요해 휴양을 100% 즐기다 올 수 있다. 리조트 주변에는 별다른 편의 시설이 없기 때문에 사전에 먹을 음식(컵라면, 스낵 등)이나 개인 용품은 미리 챙겨서 가야 한다.

파크 뷰 후에 호텔 Park View Hue Hotel

주소 09 Ngô Quyền, Vĩnh Ninh, Tp. Huế, Thừa Thiên Huế 요금 $45~(슈페리어 룸), $65~(디럭스 룸), $95~(주니어 스위트 룸), $110~(패밀리 주니어 스위트 룸) 객실 타입 슈페리어 룸, 디럭스 룸, 주니어 스위트 룸, 패밀리 주니어 스위트 룸 셔틀버스 공항(유료), 지역(유료), 기차역(유료) 홈페이지 parkviewhotelhue.com 전화 0234-3837-382

119개의 객실로 9층 건물이며 친절한 직원 서비스로 만족도가 높다. 객실은 청결하고 기차역과도 1.4km로 비교적 가까운 편에 위치한다. 패밀리 룸 타입이 있어 아동 포함 최대 4~5명 투숙도 가능한 객실이 있으니 참고하자.

 스파는 만족도가 낮은 편이니 로컬 마사지 숍을 이용하는 편이 좋다.

알바 스파 호텔 Alba Spa Hotel

주소 29 Trần Quang Khải, Phú Hội, Tp. Huế, Thừa Thiên - Huế 요금 $65~(디럭스 룸), $90~(주니어 스위트 룸) 객실 타입 디럭스 룸, 주니어 스위트 룸 셔틀버스 공항(유료), 지역(유료), 기차역(유료) 홈페이지 albavietnam.com 전화 0234-3828-444

2010년에 지어져 75개의 객실을 보유하며, 후에 흐엉강에서 500m 거리에 위치한다. 평점이 굉장히 높고, 로비부터 스파 향이 상쾌하게 나며, 깨끗하고 만족스러운 객실을 제공한다.

 알바 스파 호텔은 3.5성급, 알바 호텔은 3성급이다. 체인 형태의 호텔이라 서비스 면에서 좋다. 투숙객은 정해진 시간에 무료 온천을 이용할 수 있다.

서린 팰리스 호텔 Serene Palace Hotel

주소 21 Lane 42 Nguyen Cong Tru street, Hue City 요금 $30~(슈페리어 룸), $35~(주니어 룸), $45~(디럭스 룸), $55~(패밀리 쿼드 룸) 객실 타입 슈페리어 룸, 주니어 룸, 디럭스 룸, 패밀리 쿼드 룸 셔틀버스 공항(유료), 지역(유료), 기차역(유료) 홈페이지 serenepalacehotel.com 전화 0234-3948-585

흐엉강에서 200m 거리에 위치하고 웰컴 드링크와 과일을 제공한다. 조식은 커피, 주스와 여덟 가지의 과일, 식빵 등을 제공하며 메인 메뉴는 별도로 주문하고 제공하고 전체적인 만족도가 높은 편이다.

> **TIP** 투어 데스크에서는 관광 및 여행 서비스를 예약할 수 있고, 해피 아워 시간에 점심 식사를 저렴한 가격인 2인 기준 1만 원 초중반의 금액으로 이용할 수 있다.

홍 띠엔 루비 호텔 Hong Thien Ruby Hotel

주소 35/12 Chu Văn An, Phú Hội, Tp. Huế, Thừa Thiên Huế 요금 $14~(스탠더드 룸), $21~(디럭스 룸), $27~(트리플 룸), $35~(패밀리 룸) 객실 타입 스탠더드 룸, 디럭스 룸, 트리플 룸, 패밀리 룸 셔틀버스 지역(유료), 기차역(유료) 홈페이지 hongthienrubyhotel.com 전화 0234-3887-399

동바 시장에서 900m 떨어져 있는 이 호텔은 친절한 직원들과 탁월한 위치, 맛있는 식당으로 2성급 호텔에서 가장 좋은 평가를 받고 있는 호텔 중에 하나다.

> **TIP** 2017년 골드 어워드 숙박 시설로 선정된 호텔로 프로모션 요금을 확인하자.

와이 낫 호스텔 엔 바 Why Not Hostel N Bar

주소 26 Phạm Ngũ Lão, Phú Hội, Tp. Huế, Thừa Thiên Huế 요금 $7(12베드 혼성 도미토리 룸), $15(스탠더드 룸), $22~(트리플 룸) 객실 타입 12인 도미토리 룸, 스탠더드 룸, 트리플 룸 셔틀버스 공항(유료) 홈페이지 whynot.com.vn 전화 0234-3938-855

와이 낫이라는 후에 지역에서 유명한 바가 있는 곳으로 친절한 직원들과 도미토리 객실부터 기본 객실까지 제공하며 후에 시내에 있다.

> **TIP** 12명이 동시에 수용하는 도미토리 객실의 경우 조식 포함 1인 금액이 만원 미만으로 합리적이다.

Da Nang
Hoi An · Hue

Travel Tip

다낭
호이안
후에

면적	331.210km²(한반도 면적의 약 1.5배)
인구	약 9,500만 명
수도	하노이
시차	2시간 느림(한국이 낮 2시면, 베트남은 정오 12시)
전압	220V, 50Hz(우리나라 주파수(60Hz)와 다르지만 호환이 가능하니 그대로 사용하면 된다)
행정 구역	5개의 중앙 직할시(하노이, 하이퐁, 다낭, 껀터, 호찌민)와 58개의 성으로 이루어짐
경도	102° 08′ - 109° 28′동
위도	8° 02′ - 23° 23′북
기후	아열대 기후
지형	국토의 약 3/4은 산악 지대
자원	산 자원, 해산물 자원, 관광 자원, 광물 자원을 갖춤
행정	63개의 성과 도시
언어	꾸옥응어(Quốc Ngữ, 베트남 국어)가 공식 언어
종교	주요 종교는 불교(도교와 유교의 결합 형태), 기독교(구교와 신교), 이슬람교, 까오다이교, 호아하오교 등
통화	베트남의 공식 화폐는 동(dong, VND) (지폐 단위 50만, 20만, 10만, 5만, 2만, 1만, 5,000, 2,000, 1,000, 500동)

베트남 사회주의 공화국은 S자처럼 생긴 땅이며 동남아시아 지역 중심에 위치하고 있다. 베트남은 인도차이나반도 동부에 위치해 있으며, 북쪽은 중국과, 서쪽은 라오스, 캄보디아와 접해 있으며 동남쪽은 동해와 태평양으로 향한다. 베트남 해안선이 3,260km, 내륙 국경이 4,510km에 달한다. 내륙에 극북에서 극남까지(일직선으로) 1,650km, 극동에서 극서까지 가장 넓은 곳이 600km(북부), 400km(남부), 가장 좁은 곳이 50km(Quảng Bình)다. 베트남은 1년 내내 관광 활동을 할 수 있는 좋은 관광지다. 북쪽에는 기후가 봄, 여름, 가을, 겨울 사계절로 나뉘어 있다. 1월부터 4월까지는 모든 사물이 변하는 것을 목격하는 기간이다. 북쪽 대부분의 명절이 봄에 개최되기 때문에 이때 축제 관광, 종교 관광이 부합하는 시기다. 5월부터 9월까지는 바닷가 관광이나 고산 지역 휴양 관광이 어울리는 시간이다. 10월부터 12월까지는 자연을 사랑하는 관광객들

이 자연 그대로 아름다움과 뛰어나게 아름다운 고산 지역을 찾아내는 것을 좋아하는 관광객들에게 좋은 기간이다. 남부 지방 기후는 두 개 계절로 뚜렷하게 나뉘며(우기와 건기), 일년 내내 날씨가 평균 27도로 온화하다. 이 지역에서 문화 관광, 생태 관광, 바닷가 관광, 공동 관광 등으로 다양한 관광 형식이 있다.

베트남 전통 설날은 양력 1월 말에서 2월 초 사이에 있다. 이때 베트남으로 관광 오는 여행객들은 설날 꽃 시장의 풍성한 분위기를 즐길 수 있으며 베트남 사람의 풍습을 체험할 수 있다.

베트남 입국 정보

비자

대부분의 사람이 베트남에 들어가기 위해서는 비자가 필요하다. 비자는 양방의 혹은 단독의 비자 면제를 동의한 국가들의 시민들에게는 면제된다. 관광 비자는 15일에서 30일까지 유효하다. 스웨덴, 노르웨이, 덴마크, 핀란드, 일본, 러시아 그리고 한국의 여권 소지자는 15일 동안 머무를 수 있다. 한국인은 무사증 입국 제도에 따라 관광 목적의 경우 베트남에서 최대 15일간 무비자로 체류 가능하다. 15일 이상 여행 계획이 있다면 사전에 비자를 발급받거나 현지에 도착해서 도착 비자를 발급받아야 한다. 왕복 항공권 또는 제3국으로 여행하는 항공권을 소지한 경우에만 입국이 가능하며, 30일 이내에 베트남을 방문했던 기록이 있다면 재입국 시 반드시 비자를 소지해야 한다. 무사증 제도를 통해 방문 시 체류 기간을 연장할 수 없다는 점에 유의하자. 미성년자와 함께 입국할 경우에는 필요한 서류가 있을 수 있으니 사전에 확인 후 구비해 놓아야 한다.

· 부모 미 동반 소아 입국 관련(만 14세이하) 부모 동의서 작성 후 영어 번역 공증 후 공증서 지참, 어머니 동반 시 영문 주민등록등본 지참

베트남 전화

84(국가 번호) 한국: 베트남에 걸 때

지역 번호 : 하노이(024), 다낭(0236), 호치민(028)

베트남 내 지역 간 통화

· 0 + 지역 번호 + 전화번호, 혹은
· 171(177, 178) + 0 + 지역 번호 + 전화번호(economic call)

해외 통화

· 00 + 국가 번호 + 지역 번호 + 전화번호
· 171(177, 178) + 00 + 국가 번호 + 지역 번호 + 전화번호 (economic call), 혹은
· 171 + 1 + 연결 안내 멘트 + 국가 번호 + 지역 번호 + 전화번호

주한 베트남 대사관

주소 서울시 종로구 삼청동 28-58(110-230) **전화** 02-738-2318 / 739-2069 **팩스** 02-739-2604 **영사** 02-734-7948(팩스: 02-738-2317)

주베트남 한국 대사관

주소 4th Fl., Dae Ha Business Center,360 Kim Ma St., Ba Dinh District, Hanoi, Vietnam **전화** +84-4-3831-5110~6 **팩스** +84-4-3831-5117 **이메일** korembviet@mofat.go.kr **홈페이지** vnm-hanoi.mofat.go.kr **근무시간** 8:30~17:30(월~금)

🧳 여행 준비하기

준비 사항
높은 습도와 무더운 날씨를 보이는 열대 몬순 기후의 다낭. 관광객이라면 시원한 옷차림은 기본이다. 하지만 고도가 높은 바나힐이나 이동 시 이용하는 차량 또는 쇼핑센터 같은 곳에서는 냉방이 강해 얇게 걸칠 만한 외투를 챙겨 가는 것도 좋다. 뜨거운 햇볕을 피하기 위한 선크림, 모자, 선글라스는 필수다. 해수욕을 위한 수영복과 물놀이용품을 챙기는 것도 잊지 말자. 우리나라의 장마철처럼 며칠씩 비가 내리진 않지만 8~12월 사이는 우기에 해당되며 스콜을 만날 수 있으니 여유가 된다면 작은 우산도 준비하면 좋다. 11월 말~2월 중순까지는 아침, 저녁으로 비교적 선선한 날씨이기 때문에 한낮을 제외하고는 해수욕을 즐기기 힘들 수 있지만 시내 관광을 즐기기에는 최적의 날씨다. 한국의 가을 날씨와 비슷하므로 얇은 겉옷을 챙기도록 하자.

호텔
다낭은 새롭게 떠오르는 핫 플레이스답게 많은 호텔이 있으며 지금도 신규 호텔들이 부지런히 생겨나는 곳이다. 그에 따른 호텔비도 천차만별이니 여행 일정과 편의를 고려해서 결정하는 것이 중요하다. 저렴한 비용으로 실속 여행을 원하는 사람이라면 이동 동선이 짧은 시내 중심에 호텔을 구하는 것을 추천한다. 시내의 호텔들은 외곽의 리조트보다는 저렴한 편이며, 시내에서도 한강 근처에 뷰가 좋은 호텔들은 상대적으로 금액이 있으니 참고하자. 조금은 여유로운 휴양을 원하는 여행이라면 백사장이 길게 늘어진 미케 비치를 따라 즐비해 있는 호텔과 리조트를 이용해 보자. 숙소에서 반나절 정도는 해수욕도 즐기며 여행 온 기분을 만끽할 수 있다.

환전
베트남 화폐 단위는 매우 크기 때문에 자칫하면 아무 생각 없이 지출을 하게 되거나 돈에 대한 개념을 잊기 쉽다. 베트남 화폐로 VND 10,000(1만 동)은 한국 돈으로 약 500원 정도인데, 쉽게 계산하려면 베트남 화폐에서 뒤에 숫자 0을 한 개 뺀 뒤 나누기 2를 하면 대략 비슷하다.

예) VND 280,000 = 한화 약 14,000원

로밍 & 유심
이용하고 있는 통신사에서 데이터 로밍을 신청하거나 현지에서 심 카드 구매 후 사용 가능하다. 데이터 로밍은 편리하게 신청할 수 있지만 하루에 만 원 내외의 비용이 발생하기 때문에 여행 기

간이 5일이면 약 4~5만 원 정도의 비용이 든다. 하지만 요즘 같은 시대에는 전화보다 SNS 또는 스마트폰용 무료 통화 및 메신저 어플을 이용하는 경우가 많기 때문에 현지에서 유심 칩을 구매해 사용하는 것이 급증하고 있다. 다낭 공항에서 입국 심사를 받은 후 짐을 찾고 나오면 공항 내에서 'SIM CARD'라고 적힌 부스를 쉽게 찾을 수 있는데 바로 이곳에서 데이터 유심을 구매해 이용할 수 있다. 유심을 판매하는 회사는 우리나라 통신사처럼 여러 곳이 있으니 자신에게 필요한 상품, 가격 등을 비교한 뒤 구매하면 된다. 유심을 장착할 줄 몰라도 유심을 구매하면 기종에 상관없이 직원이 유심 장착을 도와주기 때문에 보다 손쉽게 이용할 수 있다. 단, 자리를 뜨기 전 제대로 작동이 되는지 체크하는 것을 잊지 말자. 또한 기존에 자신이 사용하던 한국 유심칩은 분실되지 않도록 잘 보관해 두도록 하자.

베트남에서 한국으로 국제 전화를 걸 때
00-82-전화번호 (전화번호를 누를 때 서울 02 또는 010 동의 첫 번째 숫자 0은 누르지 않음)

여행자 보험

해외여행에서 겪게 될 수 있는 당황스러운 사건이나 사고를 대비하기 위해서는 여행자 보험 가입이 필수다. 현지의 치안과 위생 상태에 따라 큰 위험에 있어 방패 역할을 해 주기 때문이다. 여행자 보험 가입은 환전을 할 때 주거래 은행이나 통신사 등을 통해 쉽게 가입할 수 있다. 또한 인천국제공항에서도 출국 전 가입을 할 수 있지만 공항에서보다 사전에 인터넷을 통한 가입이 훨씬 더 저렴하다는 것을 참고하자.

해외 여행자 보험 사이트
여행길잡이 www.tourteach.co.kr
요금: 성인 6,000원, 아동 5,000원(기본형 기준)

주의사항

❶ 베트남은 오토바이 사용이 많은 나라이기 때문에 소매치기를 주의해야 한다. 특히 손에 들고 있는 휴대 전화나 어깨에 걸친 가방 등은 소매치기범의 타깃이 될 수 있으니 항상 귀중품은 주의해서 잘 간수하도록 하자.

❷ 환전을 할 때에는 훼손된 지폐가 있는지 확인하고 훼손된 지폐가 있다면 그 자리에서 확인 후 교환하도록 한다.

❸ 금액을 K로 표기한 경우도 있으니 계산 시 한 번 더 확인해야 한다.
예) 10K = 10,000동 / 100K = 100,000동)

❹ 택시 이용 시 택시 운전기사의 호객 행위에 응대하지 않도록 한다. 기사가 소개하는 유흥업소 및 마사지업소 등에서 부당한 요금 및 신변을 위협당하는 사례가 증가하고 있으니 주의하자.

❺ 베트남에서 여권을 분실한 경우 절차가 매우 복잡하기 때문에 각별한 주의가 필요하다.
여권을 분실하는 경우
분실 지역 관할 경찰서를 방문 ⇨ 분실 신고 경위 조사 및 경위서 작성 ⇨ 분실 신고 확인증 발급 ⇨ 여행자 증명서 신청 ⇨ 여행자 증명서 발급 ⇨ 베트남 출입국 관리소 방문 및 출국 비자 신청 ⇨ 출국 비자 발급 및 출국(약 일주일 이상 소요)

❻ 수돗물은 함부로 마시지 말자. 특히 홍수 이후의 수돗물은 조심해야 한다.

❼ 마을의 가정집이나 종교 지역을 방문할 때는 상황에 맞는 단정한 옷차림을 입어야 한다.

❽ 야간에 외출을 하거나 해변으로 나갈 때는 귀중품을 잘 보관해야 한다.

❾ 호찌민시 같은 대도시에서 길을 건널 때는 항상 좌우를 잘 보면서 걸어야 한다.

❿ 지역민에게 직접 돈을 건네는 것은 좋지 않다.
(지역 자선 단체에 돈을 기부하거나 사람들에게는 펜 같은 작은 선물을 주는 정도가 적절)

⓫ 길거리 음식은 한 번 맛보면 좋다.

⓬ 지역민들의 사진을 찍을 때에는 항상 사전에 양해를 구해야 한다.

항공 가는 편(인천·부산·대구)

항공

대한항공, 아시아나항공을 비롯해 제주항공, 진에어 등 우리나라 주요 항공사와 베트남항공이 인천-다낭 직항을 매일 1회 운행하고 있다. 국적기는 대부분 저녁에 출발하며, 베트남항공과 티웨이항공은 오전에 출발한다. 부산에서 출발하는 편으로는 에어부산이 부산-다낭 구간을 운행하고 있다. 베트남 노선 이용 시 여권의 유효 기간은 탑승일 기준 6개월 이상 남아 있어야 출국이 가능하며, 한국에서 다낭까지는 약 4시간~4시간 30분이 소요된다. 짧은 일정으로 오전 출발하는 비행기편을 잘 활용하면 보다 짧은 기간에 효율적으로 여행을 설계할 수 있다. (항공사 스케줄은 수시로 변경하니 각 항공사의 홈페이지 참조)

인천 출발 오전 시간 비행기 스케줄 확인하기

비엣젯항공	인천(하루 2대 매일 운항) 6:15~8:55(VJ881) ➜ 다낭(비행 시간: 4시간 40분) 7:00~10:05(VJ879) ➜ 다낭(비행 시간: 5시간 5분)
티웨이항공	인천 7:25~10:25 ➜ 다낭(비행 시간: 5시간) 인천 8:25~11:10(TW127) ➜ 다낭(비행 시간: 4시간 45분)
진에어	인천 7:40~10:45(LJ077) ➜ 다낭(비행 시간: 5시간 5분)
제주항공	인천 11:40~14:45(7C2901) ➜ 다낭(비행 시간: 5시간 5분)
대한항공	인천 11:10~14:15(KE485) ➜ 다낭(비행 시간: 5시간 5분)
베트남항공	인천 11:20~14:10 ➜ 다낭(비행 시간: 4시간 50분) BEST

TIP 이른 오전 출발 시간대인 비엣젯항공, 티웨이항공등을 이용해서 현지에 오전 시간대에 도착해 좀 더 알차고 길게 여행의 시간을 갖는 것도 좋다.

인천 출발 오후 시간 비행기 스케줄 확인하기

이스타항공	인천(하루 2대 매일 운항) 18:20~21:35(ZE591) ➔ 다낭(비행 시간: 5시간 15분) 20:45~23:45(ZE593) ➔ 다낭(비행 시간: 4시간 30분)
진에어	인천 17:15~20:00(LJ079) ➔ 다낭(비행 시간: 4시간 45분) 인천 20:50~23:30 ➔ 다낭(비행 시간: 4시간 40분)
제주항공	인천 21:20~00:35+1일(7C2903) ➔ 다낭(비행 시간: 5시간 15분) BEST
에어서울항공	인천 22:20~1:20+1일(RS553) ➔ 다낭(비행 시간: 4시간 40분)
티웨이항공	인천 20:25~23:10(TW127) ➔ 다낭(비행 시간: 4시간 50분) BEST
비엣젯항공	인천 22:40~1:45+1일(VJ875) ➔ 다낭(비행 시간: 5시간 5분)

TIP 수, 목요일 저녁 칼퇴가 가능한 직장인이라면 이스타항공, 제주항공, 에어서울항공의 저녁 늦은 시간 출발편의 비행기를 주목하자. 소중한 연차 이틀로 3박5일 여행이 가능한 항공편이다.

부산 출발 비행기 스케줄 확인하기

아시아나항공	부산 21:00~00:25+1일(OZ9753) ➔ 다낭(비행 시간: 4시간 35분) *에어부산 공동 운항
제주항공	부산 9:20~12:10(7C2955) ➔ 다낭(비행 시간: 4시간 50분)
대한항공	부산 21:35~00:15+1일(KE465) ➔ 다낭(비행 시간: 4시간 40분) *베트남항공 공동 운항
티웨이항공	부산 21:50~00:25+1일(TW151) ➔ 다낭(비행 시간: 4시간 35분)
진에어	부산 19:00~21:40(LJ073) ➔ 다낭(비행 시간: 4시간 35분) 부산 21:05~00:15+1일(LJ075) ➔ 다낭(비행 시간: 4시간 35분)

대구 출발 비행기 스케줄 확인하기

비엣젯항공	대구(월 VJ871) 6:55~9:25 ➔ 다낭(비행 시간: 4시간 30분)
	대구(화·수·금·토·일 VJ871) 7:50~10:20 ➔ 다낭(비행 시간: 4시간 30분)
	대구(목 TW129) 7:30~10:00(VJ871) ➔ 다낭(비행 시간: 4시간 30분)
티웨이항공	대구 20:10~23:15(TW149) ➔ 다낭(비행 시간: 5시간 5분)
제주항공	대구 7:30~10:10(7C2921) ➔ 다낭(비행 시간: 4시간 40분)

✈️ 항공 리턴 편(인천·부산·대구)

대부분의 리턴 비행기는 오후 밤 늦은 시간대에 출발해서 다음 날 새벽 도착 시간이 많다. 다낭에 들어가는 항공편이 증편되거나 모든 항공사가 운항 중이니 시간대를 항공 사이트에서 재확인 후 스케줄을 계획하자.

다낭 출발 ➜ 인천 도착 오후 시간 비행기 스케줄 확인하기

제주항공	다낭 14:45~21:05(7C2902) ➜ 인천(비행 시간: 4시간 20분) 다낭 2:00~8:20(7C2904) ➜ 인천(비행 시간: 4시간 20분)
대한항공	다낭 15:45~22:05(KE486) ➜ 인천(비행 시간: 4시간 20분) 다낭 23:15~5:35+1일(KE464) ➜ 인천(비행 시간: 4시간 20분)
아시아나	다낭 23:30~6:10 ➜ 인천(비행 시간: 4시간 40분)
비엣젯항공	다낭 15:25~21:30(VJ874) ➜ 인천(비행 시간: 4시간 5분) 다낭 23:00~5:05(VJ880) ➜ 인천(비행 시간: 4시간 5분) 다낭 23:45~ 6:00(VJ878) ➜ 인천(비행 시간: 4시간 15분)
진에어	다낭 1:35~8:05(LJ060) ➜ 인천(비행 시간: 4시간 30분) 다낭 12:00~18:20(LJ078) ➜ 인천(비행 시간: 4시간 20분) 다낭 14:35~20:55(LJ086) ➜ 인천(비행 시간: 4시간 20분)
티웨이항공	다낭 00:30~6:55(TW128) ➜ 인천(비행 시간: 4시간 25분) 다낭 11:55~18:25(TW126) ➜ 인천(비행 시간: 4시간 30분)

다낭 출발 ➜ 부`산 도착 오후 시간 비행기 스케줄 확인하기

에어부산	다낭 1:25~7:30(BX732) ➜ 부산(비행 시간: 4시간 5분)
진에어	다낭 00:05~6:05+1일(LJ074) ➜ 부산(비행 시간: 4시간) 다낭 1:15~6:55(LJ076) ➜ 부산(비행 시간: 4시간)
제주항공	다낭 13:40~19:30(7C2956) ➜ 부산(비행 시간: 3시간 50분)
티웨이항공	다낭 1:50~7:50(TW152) ➜ 부산(비행 시간: 4시간)
대한항공	다낭 2:45~8:30(KE466) ➜ 부산(비행 시간: 5시간 45분)

다낭 출발 ➜ 대구 도착 오후 시간 비행기 스케줄 확인하기

비엣젯항공	다낭 00:35~6:50(VJ870) ➜ 부산(비행 시간: 4시간 15분)
티웨이항공	다낭 1:00~7:10(TW150) ➜ 부산(비행 시간: 4시간 10분)
제주항공	다낭 12:10~19:00(7C2922) ➜ 부산(비행 시간: 4시간 50분)

〈항공사 사이트〉

대한항공 kr.koreanair.com **아시아나항공** flyasiana.com **진에어** www.jinair.com
티웨이항공 www.twayair.com **이스타항공** www.eastarjet.com **제주항공** www.jejuair.net
에어부산 www.twayair.com **비엣젯항공** www.vietjetair.com **에어서울항공** flyairseoul.com/CW/ko/main.do

〈항공권 비교 사이트〉

네이버 항공권 store.naver.com/flights **스카이스캐너** www.skyscanner.co.kr
와이페이모어 www.whypaymore.co.kr **프리비아항공** www.priviatravel.com
하나투어 www.hanatour.com **모두투어** www.modetour.com
참좋은여행 www.verygoodtour.com **인터파크** our.interpark.com

🚗 다낭·호이안까지 이동 방법

택시로 이동하기

다낭 공항에 내리면, 택시들이 서 있다. 다낭까지 거리
상으로 10~30분 이내라 아무거나 붙잡고 타도 솔직
히 무난하다. 다낭 택시들은 색깔로 분류하며 초록색
(마이린 MAI LINH), 흰색(비나선 VINASUN), 노란색(틴
사)이 있는데 워낙 거리가 짧기 때문에 크게 차이가 없

다. 택시 기본 요금은 차량 종류나 탑승 허용 인원에 따
라 약간의 차이가 있지만 한화로 보통 6~700원 선(VND 12,000)이다. 보통 시내 도심의 호텔
은 약 4~8천 원 선으로 나오고, 다낭 미케 비치나 논누억 해변 비치 라인까지는 약 8천~1만원
선(VND 16,000~20,000), 호이안까지는 2만 원 전후로 생각하면 된다. 공항에서 호이안까지
는 40~50분 걸리기 때문에 택시 탑승 전에 흥정을 먼저 하고 타기도 하는데 보통 흥정은 VND
350~400,000 전후로 하며, 미터를 켰을 경우는 VND 400~500,000 사이로 나온다. 흥정
을 하고 안 하고는 VND 50,000 정도의 차이가 나지만 큰 차이가 없어 미터를 켜 달라고 하는
것이 편리할 수도 있다.

★택시 타기 전 주의할 점

① 탑승하면 미터기가 켜져 있는지, 안 켜져 있다면 미터를 외치자.

② 잔돈을 거슬러 주지 않는 편이라 작은 화폐 단위를 미리 준비해
두자. 미터 요금과 약간의 팁을 보태서 운전기사에게 주면 된다
(환전은 택시 탈 정도의 요금만 다낭 공항에 도착해서 환전소에서
환전하면 된다).

③ 한국에서 출발하는 비행기는 대부분 밤 늦게 또는 자정 전후에 도착하기 때문에 혹시나 바가지를 씌
우는 택시를 만날 수 있으므로 호텔이나 선택 관광업체 등의 픽업 서비스를 예약하는 것도 하나의 방
법이다(단, 오전 출발 비행기편의 경우 낮에는 바가지를 씌우는 경우가 거의 없다).

④ 택시 이용 시에는 구글 지도 등의 어플을 활용해서 도착지까지 정확한 루트로 가는지, 예상 소요 시
간 등을 미리 계산하는 편이 좋다.

⑤ 도착지 주소는 베트남어로 보여 주거나 건물 사진 등을 보여 주고 탑승하자.

⑥ 요금 단위를 확인하자. 10.0=VND 10,000, 50.0=VND 50,000이다.

⑦ 기본 요금까지는 0.8Km이고, 그 이후에는 VND 11.500이 올라가고, 3분마다 VND 3,000씩 올
라간다.

호텔 셔틀버스 or 여행사 or 카페 픽업 이용하기

이 방법은 사전에 미리 예약을 해야 가능한 이동편이다. 먼저, 호텔 셔틀버스의 경우 예약한 호
텔 사이트에서 같이 예약하는 경우도 있고, 클럽 룸 이상의 객실은 대부분 호텔에서 예약 시 무
료 픽업 서비스를 제공하는 경우도 있으니 잘 체크하자. 요즘 다낭 여행은 자유 여행객이 급증하

여 여행사나 인터넷 다낭 여행 카페 등에서 호텔 예약과 같이 픽업 1회 제공을 같이하는 예약 서비스도 있다. 인원수에 따라, 차량 기종에 따라 픽업 비용을 명시하고 사전 예약 판매를 하는 경우도 많으니 비교 검색해 보고 예약하면 된다.

Q 다낭 시내 ↔ 주요 관광지, 시장, 미케 비치까지 택시 비용은?

A 간단히 생각하면 다낭 시내에서 다낭 내 어디든 3천 원~1만 원 미만(VND 70,000~200,000)으로 생각하면 된다.

A 미케 비치 쪽 호텔(빈펄, 풀만, 푸라마, 하얏트, 멜리아 다낭 리조트 등) ➜ 롯데마트까지 약 7km 기준 5천 원(VND 100,000)이다.

A 미케 비치 쪽 호텔(빈펄, 풀만, 푸라마, 하얏트, 멜리아 다낭리조트 등) ➜ 한강까지 약 10~11km 기준 8~9천 원(VND 160~170,000)

A 미케 비치 쪽 호텔(빈펄, 풀만, 푸라마, 하얏트, 멜리아 다낭리조트 등) ➜ 한 시장까지 약 12~14km 기준 1만 원(VND 200,000)

A 미케 비치 쪽 호텔(빈펄, 풀만, 푸라마, 하얏트, 멜리아 다낭리조트 등) ➜ 바나힐까지 거리상으로 40~50분이고 중간에 바나힐에서 대기 시간도 2~3시간 있기 때문에 미터를 켜서 이용하는 것보다 4시간이나 6시간으로 끊어서 흥정하는 편이 좋다. 보통 한화로 35,000~45,000원 선으로(왕복 기준 VND 800,000~900,000) 흥정하는 편이다.

버스로 이동하기
다낭의 대표적인 관광지 중 하나인 다낭 대성당이나 버스 정류장이 있는 곳에서 탑승할 수 있다. 1번 노란색 버스는 호이안까지 약 50분이 소요되며 운행 시간은 5:30~17:00까지로 매 20~30분 간격이다. 버스 요금은 베트남 현지인에게는 VND 20,000, 외국인에게는 VND40~50,000 받는다.

오토바이 택시로 이동하기
오토바이 택시는 흔히 볼 수 있지만 호이안까지는 울퉁불퉁한 도로도 있다. 요금은 위에 버스나, 택시보다 저렴하지만 거리의 매연도 생각하면 추천하진 않는다.

DANANG
여행 회화

9,

🏴 숫자 세기

0	không 콩		
1	một 못	**10**	mười 므어이
2	hai 하이	**11**	mười một 므어이 못
3	ba 바	**15**	mười năm 므어이 람
4	bốn 본	**50**	năm mười 남 므어이
5	năm 남	**100**	một trăm 못 짬
6	sáu 싸우	**1,000**	nghìn 응인
7	bảy 바이	**10,000**	mười nghìn 므어이 응인
8	tám 땀	**100,000**	triệu= một triệu 찌에우=못 찌에우
9	chín 찐		

🇻🇳 기본 인사말

네.	vâng. 벙.
아니오.	không. 콩.
안녕하세요.	Xin chào. 씬 짜오.
안녕히 가세요(잘 가요).	Tạm biệt. 땀 비엣.
감사합니다.	Cám ơn / Xin Cám ơn. 깜언. / 씬 깜언.(존칭)
실례합니다(=미안합니다).	Xin lỗi. 씬 로이.
만나서 반갑습니다.	Rất vui được gặp chị. 젓 부이 드억 갑 찌.

🇻🇳 식당에서

예약하셨나요?	Đã đặt trước chưa ạ? 다 닷 쯔억 쯔어 아?
여기 메뉴판 주세요.	Cho tôi bản thực đơn. 쪼 또이 반 특 던.
영어 메뉴판이 있어요?	Có thực đơn tiếng Anh không ạ? 꼬 특 던 띠엥 아잉 콩 아?
어린이 의자를 준비해 주세요.	Hãy chuẩn bị ghế cho trẻ em giúp tôi. 하이 쭈언 비 게 쪼 제 엠 줍 또이.
배불러요.	No bụng. 노 붕.
맛있어요.	Ngon. 응온.
계산서 주세요.	Cho tôi hóa đơn. 쪼 또이 화 던.
고수 빼 주세요.	Khong ăn rau thơm. 콤 안 자(라)우 텀.

⚑ 쇼핑할 때

이건 얼마예요?	Cái này bao nhiêu? 까이 나이 바오니에우?
비싸요.	Đắt quá. 닷 꾸어.
좀 깎아 주세요.	Giảm giá cho tôi. 잠 쟈 쪼 또이.
선물 포장을 해 주세요.	Hãy gói quà giúp tôi. 하이 고이 꾸어 줍 또이.
입어 봐도 될까요?	Tôi mặc thử được không? 또이 막 트 드억 콩?
저것 좀 보여 주세요.	Cho tôi xem cái kia. 쪼 또이 쎔 까이 끼어.

⚑ 숙박할 때

하룻밤에 얼마예요?	Một ngày đêm bao nhiêu tiền? 못 응아이 뎀 바오 니에우 띠엔?
다른 방으로 바꿔 주세요.	Hãy đổi phòng khác cho tôi. 하이 도이 퐁 칵 쪼 또이.
체크아웃은 몇 시예요?	Trả phòng là mấy giờ ạ? 짜 퐁 라 머이 져 아?
저녁까지 제 짐을 보관해 주실 수 있어요?	Có thể trông giữ hộ hành lý của tôi đến tối được không? 꼬 테 쫑 즈호 아잉 리 꾸어 또이 덴 또이 드억 콩?
온수가 나오지 않아요.	Nước nóng không chảy ra. 느억 농 콩 짜이 자.

⭐ 교통 회화

걸어서 얼마나 걸려요?	Đi bộ thì mất bao lâu ạ? 디 보 티 멋 바오 러우 아?
실례합니다. 여기가 어디에요?	Xin lỗi, đây là đâu ạ? 씬 로이, 더이 라 더우 아?
(택시)어디까지 가십니까?	Đi đâu ạ? 디 더우 아?
공항까지 요금이 얼마나 될까요?	Cước phí đi đến sân bay là bao nhiêu? 끄억 피 디 덴 썬 바이 라 바오 니에우?

⭐ 자주 쓰는 영어 회화

체크인/체크아웃을 하고 싶어요.	I'd like to check-in / check-out.
제 짐을 여기 보관해도 될까요?	Could I leave my luggage here?
~(이름)으로 예약했습니다.	I made a reservation under ~.
조식은 몇 시부터 시작하나요? / 끝나나요?	What time does breakfast start / finish?
객실에 와이파이가 되나요?	Is there WIFI in the room?
객실 키를 하나 더 주실 수 있나요?	Could I get one more room key?
택시 좀 불러 주시겠어요?	Could you call me a taxi?

룸서비스를 주문하려고 합니다.	I'd like to order room service.
제 방으로 달아 줄 수 있나요?(체크아웃 시 지불)	Could you charge it to my room?
호텔 주변에 편의점 있나요?	Is there a convenience store near here?
객실을 무료로 업그레이드 해 주실 수 있나요?	Could you upgrade the room for free?
수건 좀 더 가져다 주시겠어요?	Could you bring me more towels?

지금, 도

지도 서비스

여행 가이드북 〈지금, 시리즈〉의 부가 서비스로, 해당 지역의 스폿 정보 및 코스 등을
실시간으로 확인하고 함께 정보를 공유하는 커뮤니티 사이트입니다.

http://now.nexusbook.com

지도 서비스 '지금도' 에 어떻게 들어가나요?

1 녹색창에 '지금도'를 검색한다.

2 QR코드를 찍는다.

3 도메인에 now.nexusbook.com을 친다.

4 여행에 대한 궁금한 사항은 저자들의 친절한 답변으로 해결한다.

TRAVEL PACKING CHECKLIST

Item	Check
여권	■
항공권	■
여권 복사본	■
여권 사진	■
호텔 바우처	■
현금, 신용카드	■
여행자 보험	■
필기도구	■
세면도구	■
화장품	■
상비약	■
휴지, 물티슈	■
수건	■
카메라	■
전원 콘센트 · 변환 플러그	■
일회용 팩	■
주머니	■
우산	■
기타	■

MY SHOPPING LIST

Duty Free Shop

-
-
-
-
-
-

Da Nang · Hoi An · Hue Shopping Mall

-
-
-
-
-
-